智慧湧現
不完備的對稱

AI時代的關鍵能力
現在改變過去的
重塑力

林文欣 著

八方出版

推薦序一

跨越時空的智慧之書

李光斌 博士
夏恩國際教育集團總經理
國立臺灣大學電機資訊學院生醫電子與資訊學研究所及電機工程學系
暨研究所兼任助理教授
國立陽明交通大學產業加速器暨專利開發策略中心共同計畫主持人

　　宇宙的奧祕，從來是人類最深刻的追問。它的起源、運行法則以及生命的意義，構成了科學、哲學與宗教共同探索的核心主題。而《智慧湧現：不完備的對稱》這本書，正是一部集科學理論、哲學思辨與生命智慧於一體的傑作。它以「對稱性」與「對稱性破缺」為切入點，揭示了宇宙創造與進化的根本法則，並進一步探討智慧如何在矛盾、張力與挑戰中湧現。

　　作者林文欣老師以深厚的學術背景與敏銳的洞察力，將物理學、量子力學、哲學、神學以及人工智慧等多領域知識交織在一起，構築了一幅宏大的思想全景。書中不僅探討了宇宙的起源與運行法則，更深入挖掘了智慧湧現的本質，為我們提供了一種全新的視角來理解世界、生命與自我。

本書的一大特色在於，它成功地將科學與哲學、宗教與神學交織在一起，形成了一種跨越學科邊界的整合視角。作者以量子力學的非定域性與糾纏現象為基礎，探討了宇宙的高維潛在性與低維顯現性之間的對稱關係。同時，他也借助柏拉圖的理念世界、亞里士多德的四因說，以及黑格爾的辯證法，揭示了哲學如何幫助我們理解科學背後的深層法則。在神學層面，作者探討了「上天與人間」的對稱性，指出高維的潛在性世界（上天）與低維的實在性世界（人間）彼此映射，共同創造了宇宙的豐富多樣性。作者以如此高程度級別的跨學科性整合來幫助我們更全面地理解宇宙的運行，也讓我們在思想上超越了傳統的知識邊界，實在是難得的經典級著作。

　　本書對於當代的重大意義則在於，揭開了關於智慧湧現的啟示。在今天這個快速變遷的時代，本書為我們提供了一種全新的視角來應對生活中的挑戰。作者指出，矛盾與不完美並非人生的缺陷，而是成長的契機。只有直面矛盾，擁抱挑戰，我們才能突破舊有的框架，湧現出新的智慧。例如，人工智慧與現代科技的快速發展，為我們打開了更多可能性的大門，但同時也帶來了前所未有的道德困境與社會挑戰。如何在這些矛盾中找到平衡？如何利用科技的力量促進人類的智慧湧現？這些問題正是本書試圖回答的核心。此外，作者也強調了個體與群體之間的動態平衡。只有在群體利他與個體利己之間找到和諧，我們才能實現文明的可持續進化。這種啟示不僅適用於社會層面，也適用於每一個人的生活選擇。

　　本書是一部思想深邃、視野宏大的作品。它不僅幫助我們理解宇宙的運行法則，也啟發我們重新思考生命的意義與智慧的本質。在這本書中，作者以對稱性與對稱性破缺為核心，構築了一幅跨越科學、哲學與神學的思想全景，為我們提供了一種全新的視角來探索世界與自我。閱讀本書，既是一場知識的探索，也是一場心靈的對話。它提醒我們，矛盾與挑戰並非阻礙，而是智慧湧現的契機。願每一位讀者都能從書中獲得啟發，找到屬於自己的突破方向，並書寫屬於自己的偉大篇章。

這是一本值得深思與反覆品味的作品。它的智慧，將照亮我們的思想；它的啟示，將引領我們的未來。讓我們在不完備的對稱中，擁抱宇宙的破缺之美，湧現出屬於自己的生命智慧。相信在人類文明的歷史長河中，本書對人類的思想、文化與靈性等進行如此深度的探討，相信是能夠繼《阿含經》、《聖經》與《古蘭經》等影響世界文化發展深遠的經典之後，在當代，無論讀者是任何專業、信仰、價值觀等背景的人士，或是對人類文化與智慧感興趣的探索者，本書都是一本值得深讀與反覆思索的經典級著作。

推薦序二

宏觀宇宙奧義新解 談智慧湧現的驚天祕密

潘興華（元真）（建築師、數位工作者）

　　世上的人，如果沒有任何目標理念的支撐，在生命結束之前，總不免要面對關乎死亡的終極扣問：活著的意義何在？哪裡去尋找真理等等諸多的疑惑。之所以無可閃躲，乃生死問題人人平等，任誰也無法置身事外；之所以難以面對，正是沒有真知所造成的茫然失措。

　　對有宗教信仰的人士來說，這個問題不大，因為信者自然獲得庇佑祝福，不需要窮究不可知的神聖領域；而對另一批具有較真精神的人來說，在不同的人群中，無論是來自於科學、哲學、心理學、玄學界，理論學說五花八門，形塑自洽的邏輯風貌。從這一點來說，人類還在不斷摸索的道路中尋找統一的答案。

　　這本書《智慧湧現：不完備的對稱》，對一個學佛習禪三十年的老參而言，是既熟悉又陌生的概念。開悟、見性、成佛、真如……不僅僅是名相，更是禪者的日常作務和觀照心念所在。一旦了然無礙，那麼，隨著功夫逐步的提升，最終達到與外在世界的通透無隔，生命才算圓滿可期。禪宗一句：一超直入如來地，說的就是這樣的境界。只不過，這個漸進式的生命超維，需要時間來淬煉，不是每個人都能做得到的。

文欣從維根斯坦出發，綜合西方系統科學，加上人工智慧輔助推演，整理出這樣一部溢出科學與信仰認知的全新視角，是非常大膽的嘗試。辜不論這個元原理及其背後縝密的宏觀宇宙真相，是否能改變人類對整個法界運作的看法，但這就像是另外一個開啟的魔盒，能不能夠走入全新的未來世界，就讓我們拭目以待吧！

序言

裂縫的真理

裂縫中透出光,
破缺裡孕育著真理。
你的痛苦是條河流,
將你引向智慧的大海。
破碎並非結束,
而是新生的邀約。

　　這個世界,從來不是完美的,也從未有過真正的完備。每一件事物都必然存在矛盾之處,每一個生命都無法避免挑戰、不安與孤獨。而這些不完美的本質,並不是宇宙的缺陷,而是它的深刻用意:推動我們前行,逼迫我們未雨綢繆,激發出無盡智慧的生命湧現。

　　創造核能,帶來無窮的能源,也孕育毀滅性的核子彈;發明尖端技術,提升人類福祉,同時也衍生出前所未有的道德困境。每一個創新的背後,都隱藏著矛盾,而這正是來自宇宙的最高指導法則:進化。矛盾是孕育改變的溫床,充滿著改變命運的無限可能性。

　　每一個不完美、每一個矛盾、每一次競爭、每一場衝突,以及那些反對的聲音與尖銳的批判,實際上都在幫助我們成長。它們迫使我們走出舒適圈,面對不確定的未知世界,挑戰固有的認知,創造出理想中的人生。只有直面矛盾,擁抱挑戰,我們才能打破舊有的框架,進化成更強大的自己。

去做你的靈魂邀約所啟動的嶄新事情。聆聽內心的召喚，勇敢追尋你的熱情與使命。每一個行動都是一次成長的試煉。如果結果不錯，那就繼續前行，向上提升，追求更高的境界。如果結果不盡理想，也無需畏懼。每一次不如意，都是學習與成長的契機，只要肯付出努力，人生永遠不會虧待你。人生不是「得到」就是「學到」，只要願意行動，無論成功與否，都將帶來不可替代的價值。真正的失敗，是從未嘗試的遺憾。

　　如今，人工智慧和現代科技為我們打開了更多可能性的大門。它們賦予我們智慧學習和積累經驗的無限機會。知識不再封閉，智慧可以無限延展，並在全球共享。我們不需要再依賴那些從未更新的聖賢教條，而是應該大膽追尋，創造屬於自己的真理與人生意義。這是屬於你的英雄冒險時代，去開拓，去創造，去讓你的靈魂閃耀出應有的光芒！

　　這是你的旅程，屬於你的一場無盡探索。矛盾是起點，成長是過程，創造是方向。帶著對未來的信念與對進化的渴望，去擁抱你的使命，去創造你的天地。宇宙已經給出了它的法則，剩下的，就是你如何書寫屬於自己的偉大篇章。

林文欣 2024 年 12 月

前言

對稱性─宇宙的終極法則

當宇宙大爆炸的那一瞬間，時間與空間在奇點中誕生，並以驚人的對稱性分裂成兩個世界：六維的反物質世界與四維的物質世界。這場壯麗的分裂並非混沌無序，而是遵循著宇宙的終極法則──陰陽的對稱性。

對稱性是一切存在的根基，它貫穿宇宙萬物的顯現與潛藏，將實粒子與虛粒子、已知與未知、現實與本質彼此連結，構築出宏觀與微觀世界的動態平衡：

- 當「量子糾纏」發生時，虛粒子與實粒子之間建立了跨越時空的超光速連結，展現出宇宙高維空間的非局域性。這種連結不僅突破了經典物理的時空限制，更以精妙的對稱性運作，揭示了自然的最底層原理。在這一過程中，「觀察者的參與」成為核心，觀測行為直接影響並改變了宇宙的物理特性。這進一步揭示了量子糾纏即智慧湧現的本質：智慧源於多維量子態的動態整合，將潛在的真理以具體現實的形式實現於當下。

- 當「波粒二元性」展現時，粒子在波動與粒子狀態之間切換，對稱性則在顯現的表象與隱藏的本質之間流動轉換。

- 當「虛粒子」與「實粒子」互為鏡像時，虛粒子隱藏於量子的最低能量狀態，而實粒子則在激發態中展現，兩者交替共存，共同維持世界的穩定與創新。每當一個實粒子出現，就必然有一個對

應的虛粒子以無形的方式存在。

- 當「物質」與「反物質」誕生，它們彼此相生相滅，維持著宇宙創造與湮滅的對稱秩序。
- 當「隱性基因」潛藏於生命的深處，而「顯性基因」則主導生命的顯現，這種對稱性的運作構成了生命演化的奧祕。
- 當「鏡像生命」以左右旋的形式表達，顯現的左旋生命與未被看見的右旋鏡像生命彼此呼應，揭示生命對稱性的潛在性與實在性。
- 當「高維與低維的蟲洞通道」開啟，潛在的本質與實在的現象，得以跨越時空超光速相連，對稱性的蟲洞成為兩個維度間的橋樑。
- 當「神經元」與「隱藏層的量子態」在大腦中交織時，意識與量子波函數實現了深度糾纏，創造出思想的超越時空的智慧。這種對稱性成為意識湧現的驅動力量，將隱藏的潛能轉化為具體的思維與創造力。
- 當「宇宙全像投影」揭示出三維物質世界的顯現，其實源自黑洞二維資訊碼的連續投影時，這說明低維現象只是高維本質的投影影像，展現了對稱性作為宇宙運行的高維原則。
- 當一切回歸到「量子基態」（熵增值 =0）的穩定秩序，並再次顯現「激發態」（熵增值 >0）的創新動態時，對稱性推動著宇宙的智慧湧現、創新與進化。

對稱性不僅存在於量子力學與宇宙現象之中，也同樣被古老的神學視為理解世界的核心：

- **本質與現象**：本質是不顯現的潛能，現象則是顯現的形體，兩者互為投影、彼此映射。
- **有序與無序**：宇宙從混沌的無序走向穩定的有序，而對稱性正是

連接兩者的動力。

- **秩序與混亂**：混亂孕育了創新的可能，秩序則是創新後的穩定結構，兩者平衡並生生不息。
- **上天與人間**：高維的潛在性世界（上天）與低維的實在性世界（人間）互為對稱，並共同創造宇宙的豐富多樣性。
- **標準與實際**：標準是方向，實際是具體表現；管理制度定義標準規則與目標，實際行動反映績效成果。這種對稱性幫助我們在理想與現實間尋找平衡，實現持續改進。

對稱性是一面宇宙的鏡子，反映出無限潛藏的真理秩序，也照見顯現世界的不完美與動態變化。它告訴我們：

- 「潛在的虛無」蘊含著無限可能，等待被顯現與激活。
- 「顯現的實在」雖具體可感，但只是對潛藏真理的一種反映與演繹。

我們存在於這個對稱的宇宙中，與混沌共舞，向秩序靠攏，從矛盾與衝突中找到突破的契機，最終實現智慧的湧現與生命的進化。

宇宙的對稱性是萬物演化的最根本規律，更是我們理解自我、突破現象、連結本質的終極途徑。當我們看見這份陰陽對稱時，便能洞悉宇宙的真理，並創造屬於自己的理想與未來。

◎本書的主題，主要焦距在以下兩個宇宙基本原理：

對稱性的必然秩序：真理與命運的量子糾纏

- 命運是真理的顯現
- 真理是命運的本質
- 命運就是真理，色即是空

- 真理就是命運，空即是色

對稱性破缺的偶然創新：智慧湧現

- 命運改變是智慧湧現的顯現
- 智慧湧現是命運改變的本質
- 命運改變就是智慧湧現
- 智慧湧現就是命運改變

統稱為，**智慧湧現的不完備性對稱。**

導言

創新的本質與未來的敲門聲

在這個創新與新創經濟已然敲響時代大門的時刻，我們正面臨一場深刻的「認知革命」——創新，又稱為開悟、直覺與智慧湧現。無論是東方古人所謂的「開悟」，還是西方所推崇的「直覺」，又或是科學界描述的「智慧湧現」，都在突破性的改變我們對世界的理解，重新定義我們與未知的關係。

東方的開悟：瞬間的全局洞察

東方哲學中，開悟是一種打破既有框架、超越理性思維的瞬間領悟。這是一種「整體性認知」，讓人瞬間看清複雜事物背後的本質規律：

- 它是突然的、難以預測的，但一旦發生，便如醍醐灌頂般點燃心智。
- 它超越邏輯與分析，讓人直接感受到事物的全貌，並產生深刻的整體性理解。
- 它要求人們放下既有的思維框架，接受混沌與不確定性，從中找到秩序與真理。

西方的直覺：非線性思維的閃光

在西方，直覺是創造力的核心，是一種來自無意識的瞬間洞察。直覺的特徵在於：

- 它是非線性的,無需一步步推導,卻能瞬間跨越大量資訊,產生全新觀點。
- 它依賴於大腦的無意識運作,將過去的經驗、知識與潛在可能性整合在一起。
- 它表現為一種瞬間的靈光乍現,帶來深入的洞察,並有強大的跨域整合能力。

複雜系統的智慧湧現:混沌中的新秩序

現代科學的智慧湧現理論揭示,創新並非簡單的知識疊加,而是一種系統內部的自組織現象:

- 它代表著一種從量到質的躍遷,從已知的組件中生成全新的維度與結構。
- 它超越還原論的視角,展示出整體大於部分之和的非線性現象。
- 它是混沌中的新秩序,是系統在自組織過程中產生的突破性創新,為世界帶來全新理解。

生命的本質:學習成長與創新

無論是東方的開悟、西方的直覺,還是複雜系統的湧現,它們都擁有以下共性:

- **突破性認知**:超越既有的結構、模式與框架,進入新的認知維度。
- **不可還原性**:無法透過線性推理或還原論來解釋,卻具有整體性意義。
- **產生全新理解**:重新定義現實,揭示更高維度的真相。

不管宇宙怎麼進化,文明與科技如何發展,生命的基本核心永遠是「學習成長」與「創新」。

所謂的創新是：對問題的高維洞察，提出全新的獨特方案，或是對想像空間的最大化延伸，讓奇思妙想轉化成可實現的全新作品，或是對人性真正本質的開悟，把不可表達的直覺轉化為可表達的動人藝術。

創新力是人類唯一擁有的獨特能力，需要綜合許多特質做基礎：審美能力、獨特的聯想能力、敏銳的主觀感受、冒險精神、好奇心和自我肯定，發散思維和不連續超越思維的切換，最後，還需要對事情強烈的熱愛、意志與專注。

創新力讓人不斷拓展意識的邊界，未來世界只有例行性的事情交給機器人做，人類永遠是在新領域中創造更新更廣的存在空間。創新的人越多，新領域就越廣，進入的人就越多，但前提是，進入的人需要具備「創新力」。

創新，是一次對常規思維的徹底打破，是對已知元素的重組，是讓舊有的片段產生新的觀點的過程。它並非僅僅來自邏輯推理或機械計算，而是來自於一種更高維度的心智狀態，一種能超越理性、整合未知的「元認知」能力。

我們將帶你深入探索創新的核心，揭示其內在運作的規律與啟示，從東方思想、西方哲學、認知心理學，以及現代科學的多維視角，剖析創新的根源與未來的可能性，為你打開智慧湧現的大門。

心之所向，便是陽光；無所畏懼，便是遠方。人生最幸福的事，不是活成別人的模樣，而是通過不懈的智慧湧現，活出屬於自己的獨特樣子。

當你選擇追隨內心的直覺，陽光便會為你照亮前方的路。當你放下對未知的恐懼，未來便會展現無限可能。

幸福從來不在別人眼中的認同，而在於你是否勇敢做自己，為夢想拚盡全力。記住，成為最好的自己，才是這段旅程中最值得驕傲的事。讓我們一起，不斷走向認知的更高維度，迎接創新的無限可能。

CONTENTS
目錄

推薦序一 ⋯⋯ 002

推薦序二 ⋯⋯ 005

序　言　裂縫的真理 ⋯⋯ 007

前　言　對稱性──宇宙的終極法則 ⋯⋯ 009

導　言　創新的本質與未來的敲門聲 ⋯⋯ 013

CHAPTER 01 元原理：至高無上的法則 018

宇宙起源的對稱性破缺：創造源於破缺，智慧源於矛盾 ⋯⋯ 027

宇宙的最高指導原則：進化原理的無序之美 ⋯⋯ 031

龐加萊的三體問題：複雜性的起點 ⋯⋯ 045

哥德爾不完備性：創新的矛盾缺口 ⋯⋯ 049

西方哲學的黑格爾辯證法 ⋯⋯ 054

我們是活在「熵」的世界裡 ⋯⋯ 064

天道的本質：智慧與金錢的能量轉換、知識與認知變現 ⋯⋯ 072

精神熵增與不完備的對稱：心靈平靜與自由的動態平衡 ⋯⋯ 079

智慧湧現的創新四個階段 ⋯⋯ 100

CHAPTER 02 當量子力學遇見神學 108

科學與神學的交會：當量子糾纏遇見柏拉圖 ⋯⋯ 110

康托爾的「集合論」：數學中的多維度神學概念與檔案結構 ⋯⋯ 120

CHAPTER 03 本體論：真理的存在與本體 132

- 真理是什麼？亞里士多德的「系統思維」：四因說 …… 134
- 物質能量的四因說與第一性原理 …… 153
- 基因轉錄和翻譯、基因激活療法 …… 159
- 精神能量（資訊熵）的四因說與管理學的 VGSM …… 170
- 認知模式的三種系統：本能腦與情緒腦、理性腦、貝葉斯腦 …… 183

CHAPTER 04 認識論：經驗主義與新實用主義 194

- 理性主義：蘇格拉底、柏拉圖、亞里士多德與康德 …… 196
- 經驗主義：維根斯坦與海德格的資訊本體論 …… 199
- 反絕對真理的新實用主義 …… 210

CHAPTER 05 方法論：溯因法的智慧湧現 217

- 量子力學的延遲選擇實驗：現在改變過去 …… 220
- 貝葉斯演算法：大腦與人工智慧的決策算法 …… 225
- 哥德爾機：從圖靈機到 AGI 的智慧測試 …… 231
- 玻爾茲曼機：玻爾茲曼大腦的量化、計算與智慧湧現 …… 239
- 智慧湧現：質疑常規、批判性思維與追問 …… 245

CHAPTER 06 上帝真理神性、群體利他人性與個體利己本性的動態平衡 255

- 洗腦的六大特徵與四種表現 …… 258
- 人類自我意識的逐漸覺醒，從無知到獨立思考的旅程 …… 266
- 個人意志的利己主義與利己去中心化 …… 274
- 上帝意志的未來趨勢：利己的去中心化與利他的智慧共享化 …… 294
- 真理母體的終極化身：智慧母體 …… 298

元原理：至高無上的法則

在 20 世紀科學史中，有三大革命性理論徹底改變了人類對世界的認知：相對論、量子力學與混沌理論。其中，「混沌理論」不僅是對「複雜系統」的深入研究，更是揭示了宇宙運行中隱藏的秩序與規律。而混沌理論的開端，卻要追溯到一位天才數學家的故事 ── 電腦科學之父，阿蘭・圖靈（Alan Mathison Turing）。

圖靈的一生，既是數學與科學的輝煌篇章，也是充滿愛與悲劇的動人故事。1912 年，圖靈出生於倫敦，從小便展現出卓越的數學天賦。1931 年，他進入劍橋大學深造，隨後在美國普林斯頓大學攻讀博士學位。在他的學術生涯中，圖靈提出了「圖靈機」這一理論模型，奠定了現代電腦科學的基礎。然而，他的影響並不僅止於此。在第二次世界大戰期間，圖靈參與破解德國著名密碼系統 Enigma，成為盟軍勝利的關鍵人物之一。

儘管圖靈在戰爭中的貢獻無可估量，但真正吸引他的是生命背後的數學基礎。他曾深愛一位名為克里斯多夫・默克姆（Christopher Morcom）的青年，而後者的不幸早逝讓圖靈陷入深深的悲痛之中，也激發了他對

「生命之謎」的終極追問。他開始研究胚胎發育過程中的自組織性現象，這種過程被稱為「型態發生（morphogenesis）」：一個胚胎如何從一團無特徵的細胞，逐漸分化出不同的器官？生命背後是否存在某種數學的規律？

1952 年，圖靈發表了一篇開創性的論文《型態發生的化學基礎》，在其中首次用數學方程式解釋了生命的型態發生。他發現，透過簡單的數學規則，化學物質能夠自發形成複雜的生命結構。這篇論文為混沌理論的發展奠定了基礎，並引發了科學界對複雜系統和自組織性現象的全新思考。圖靈的洞察表明，最簡單的規則可能蘊含宇宙最高維度的真理。

然而，圖靈的科學成就並未為他帶來應得的榮耀。當時的英國社會對同性戀懷有深深的偏見，他因與一位男子的短暫戀情被控「嚴重猥褻罪」，最終選擇接受化學閹割治療。這場無法避免的悲劇摧毀了圖靈的生活，也使他陷入深深的抑鬱之中。1954 年，僅僅 41 歲的圖靈選擇結束自己的生命，留下了無數未解的科學難題。

圖靈的離世是一場科學界無法估量的損失，但他的啟示永存於世。他所揭示的「萬物源於最簡單規則」的思想，為科學打開了一個全新的視野。他的型態發生理論不僅奠定了混沌理論的基礎，也深刻影響了現代生物學、物理學與數學。

正如風能夠在沙漠中創造出各種形狀的沙丘一樣，圖靈讓我們看見了生命與宇宙中隱藏的天道：那些看似「無序」的混沌，其實隱藏著更高維度的「有秩」與「對稱」。

圖靈在他的著作《型態發生的化學基礎》中，提出了一個影響深遠的理論，揭示了自然界中斑馬紋、豹紋等規律性圖案的形成機制。這一理論基於化學反應-擴散系統，描述了成長與抑制之間的動態平衡，如何驅動生物形態的自發組織。

圖靈指出，在化學反應的擴散系統中，至少需要兩種化學物質——

促進劑和抑制劑——參與相互作用。促進劑負責促進系統的局部增長，而抑制劑則擴散更快，抑制促進劑的作用範圍。這種局部促進與全局抑制的結合，形成了一種不穩定的動態平衡，導致空間中產生有序的模式，例如斑馬的條紋或豹的斑點。

以斑馬紋為例，促進劑在某些區域促進黑色素細胞的活化，而抑制劑擴散到周圍，阻止這些細胞在相鄰區域活化。隨著系統的進一步演化，這種促進與抑制的相互作用在空間上穩定下來，形成交替的黑白條紋。這種模式的具體形態由反應速率、擴散係數以及初始條件共同決定。

圖靈的理論不僅解釋了自然界中形態的形成，也為理解更廣泛的系統提供了關鍵的框架。從生物學到社會學，成長與抑制的動態平衡在系統的演化中扮演著重要角色。例如：

- 在生態系統中，某些物種的快速繁殖（促進），可能因資源匱乏或天敵增加（抑制）而受限。
- 在社會系統中，個人自由（促進）與社會規範（抑制）之間的平衡，構成了文明的基石。

圖靈的研究為智慧湧現提供了一個強有力的類比。在智慧系統中，促進劑可以類比為創新與自由思考，而抑制劑則代表秩序與穩定。兩者的交互作用構建了一個動態平衡的舞台，讓系統能夠在混亂與有序之間找到最佳狀態，進一步促進智慧的湧現與系統的優化。

圖靈理論不僅揭示了自然界中的模式形成，也為理解成長與抑制在複雜系統中的作用提供了深刻的洞見。

系統的動態平衡：成長、抑制與有限資源的交織

混沌理論揭示，系統的動態平衡是由「成長因素」與「抑制因素」共同作用而形成的。這種平衡並非靜態的穩定，而是由不完備性的矛盾，

來驅動不斷進化的動態過程。創新正是源於這些矛盾的張力，因為在矛盾之間的動態調整中，系統為了利己的生存與繁殖，就必須不停息的蒐集資訊，進而找到新的可能性。

以兔子的生態系統為例，其成長因素包括充足的食物資源與繁殖能力，而抑制因素則是天敵的捕食與生存空間的有限性。當兔子的數量快速增加時，食物可能逐漸減少，進一步限制其種群的增長。同時，天敵的數量也會因獵物的豐富而增加，對兔子的數量形成抑制作用。然而，這些矛盾驅動了種群與環境的適應性進化，使得系統能夠在不穩定中尋找新的平衡點。

創新在此過程中展現為一種突破：當矛盾達到臨界點時，可能出現創新的適應策略，比如兔子學會更有效的躲避天敵或利用新的食物來源。這些由矛盾推動的變化，正是混沌理論中動態平衡的核心，為我們理解創新的來源提供了一個自然的範例。

誠如波斯詩人魯米所說：不要悲傷，你失去的任何東西，都會以另一種形式回來。譬如，一個人可能因視覺喪失而感到不幸，但在這過程中，他的聽覺和觸覺往往會變得比常人更加敏銳，甚至能形成獨特的感知方式來適應世界。這種因失去而產生的補償性增長，正是生命創新的一種表現形式。矛盾和缺失，不僅是挑戰，更是驅動創新與進化的重要動力。

在這樣的框架下，每一次損失或不完美，都可能孕育出新的可能性，推動我們以更創造性的方式與環境互動，探索新的秩序與平衡。

個體意識的進化：「心靈自由」的成長與「心靈平靜」的抑制，兩者的動態平衡

心靈自由是一種精神熵減的動態過程，其中熵值代表混亂程度，熵減代表思想從混亂中重建秩序並實現智慧湧現的狀態。與之對應，心靈

平靜則是一種熵增的靜態狀態,當內心過於安逸且缺乏新資訊的注入時,熵值會不斷增加,最終導致思想僵化與內在秩序的瓦解。然而,真正的心靈進化,是來自於自由與平靜之間的動態平衡。

在動態平衡中,心靈自由作為成長因素,透過學習新知識、接受挑戰與湧現創新資訊,促進思想的逆熵過程。例如,當個體面對未知挑戰時,舊有的思維模式被打破,新的秩序在解決問題的過程中逐漸形成,智慧維度得以提升。而心靈平靜則作為抑制因素,提供穩定的內在環境,讓思想在高度創造力之後回歸穩定,整合新獲得的認知結構。

精神熵的動態平衡可以視為心靈進化的舞台。當熵值增至臨界點,思想的混亂激發了重新組織的需求;而逆熵過程啟動後,心靈自由讓新秩序得以湧現。這種螺旋式的智慧提升,不僅促進個體能力的全面進化,也讓人逐步走向心靈的高維自由狀態。詳細分析將在後面章節展開。

文明的進化:「群體」與「個體」的動態平衡

在文明的進化中,群體利他的抑制與個體利己的成長,共同構成了一個動態平衡的系統。群體利他提供了文明穩定的基石,例如合作、道德規範與社會契約,這些因素使得群體能夠維持穩定與繁榮。然而,長期的群體約束可能壓抑個體的創新與自由,阻礙新的智慧與技術湧現。

相對的,個體利己代表著創新的源泉,通過挑戰傳統規範與追求個人利益,推動社會進步。例如,歷史上的思想家與企業家正是基於個體利己的驅動,打破了既有秩序,為人類帶來了科技革新與思想進化。然而,長期的個體利己也可能導致社會的不平等與資源的快速消耗,進一步加劇群體內部的矛盾。

這種動態平衡的核心在於資源的有限性,成長與抑制必須同時作用於有限的舞台,才能實現文明的可持續發展。當群體利他與個體利己保持在相對平衡的狀態時,文明進化得以實現:群體提供穩定的基礎,個

體驅動創新，資源分配則決定了這一過程的效率與持續性。

因此，文明的進化是成長、抑制與有限資源之間的不斷協調。這種動態平衡不僅決定了人類社會的形態與方向，也為智慧的集體湧現提供了可能。更深入的分析與具體案例，將在後面章節中詳細探討。

元原理：至高無上的法則

宇宙的本質既深奧又迷人，其運行的背後，隱藏著一組「至高無上法則」的核心框架：元原理。「元原理」作為萬物之源，是統御宇宙中各種現象的根本法則，它支撐著所有的科學探索，並為我們理解自然與生命，提供了統一的視角，如圖1。

元原理：宇宙運行的至高無上法則

↓

物理學的對稱性（秩序的根本）
數學的不完備性（創新的矛盾缺口）
物理學的經濟性（最小作用量與費曼路徑積分）
物理學的無常性（熵增與動態平衡）
物理學的糾纏性（不確定性與非實在性、非定域性）

↓

神學的存在（目的因）與本體（動力因與形式因）
哲學的經驗主義與新實用主義（實踐與智慧湧現）
科學的複雜系統（混沌理論）與生物學（生命的物質基礎）

↓

精神能量：複雜系統與貝葉斯演算法（智慧湧現的引擎）
物質能量：生物學與表觀遺傳學（生命進化的載體）

圖1：元原理：宇宙運行的至高無上法則

「元」的意義既包含了根源與起點，也蘊含了無限可能性與進化過程。在這些最根源原理之上，宇宙逐層往上展現其複雜性與智慧維度，從元原理→物理→化學→生物學→醫學→心理學，直至智慧湧現與社會秩序的形成。每一層次的維度，既受控於最底層的元原理，也為最表層的現象提供了基礎與方向，如圖2。

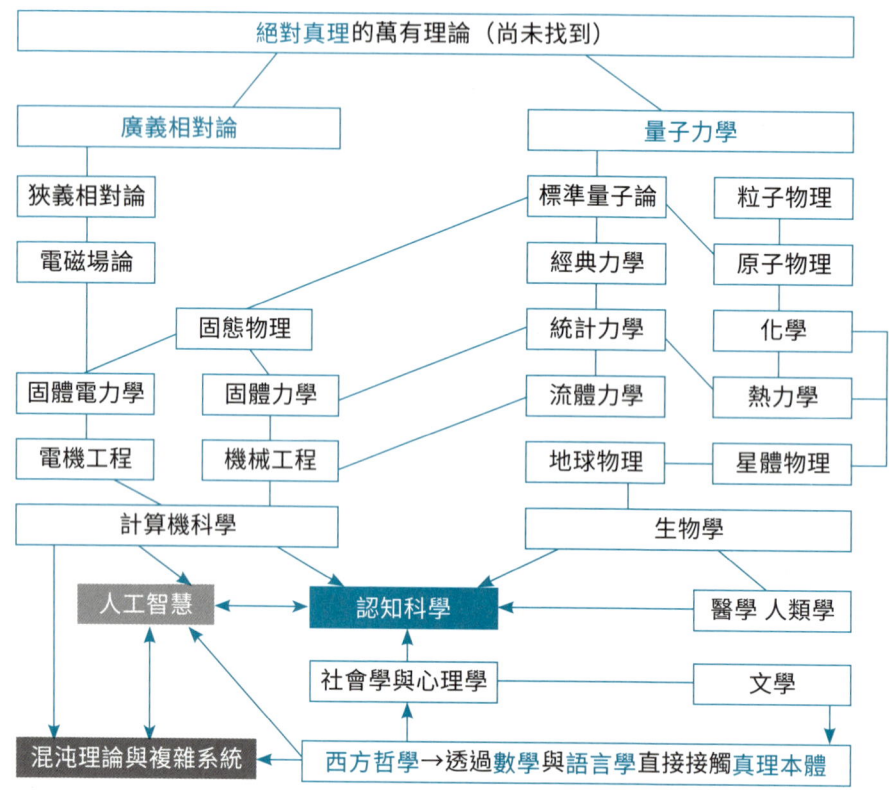

圖2：知識體系結構檔

元原理的五大核心

以下五大核心的元原理,將成為本書探索自然與人類智慧的指導方針,並逐一揭示它們如何在不同學科與現象中發揮作用:

- **對稱性(秩序的根本)**:宇宙的運行從微觀粒子到宏觀結構,無不呈現對稱性。這種對稱性既保證了穩定性,也為我們認識自然界中的和諧提供了基礎。

- **不完備性(創新的矛盾缺口)**:「哥德爾不完備性」揭示,任何系統都無法完全自洽,說明任何系統或個體的思想,總是必然的存在矛盾之處。當遇到無法解決的問題時,其答案往往隱藏於更高維度的真理之中。正是這種無法自洽的特性,成為創新與進化的源泉,推動科學與哲學不斷突破與前行。同時也說明,真理與解決方案,是隱藏在未知與矛盾之處,逼迫我們往前看,而不是停留在陳舊的已知領域中。

- **經濟性(最小作用量)**:自然界總是傾向於選擇最經濟的方式進行利己運動與自我演化。從最小作用量到費曼路徑積分,經濟性貫穿了物理與生命的每個維度。

- **無常性(熵增與動態平衡)**:宇宙的本質是不斷變化的。熵增原理揭示了無序的增長與不可逆性,但局部的動態平衡卻能孕育出生命與有序結構,正是這種無常性,才能賦予宇宙多樣性與活力。

- **糾纏性(不確定性與非定域性)**:揭示了量子糾纏即智慧湧現的深刻本質。這一現象挑戰了傳統因果論與實在性的局限,展現出超越時空的多維聯繫。同時,量子糾纏為我們理解高維空間的真理與智慧湧現,提供了關鍵啟示,顯示出宇宙「凡事皆有可能性」的非線性智慧。

元原理的深刻意義在於,它不僅解釋了宇宙的運行,也提供了一個

全新視角來看待生命與智慧的進化。它提醒我們，宇宙並非靜態與確定的，而是一個充滿動態、不確定性與創新可能性的三體多維「複雜系統」。透過理解元原理，我們可以找到秩序中的變化、穩定中的創新，以及對立中的和諧。

在後續章節中，我們將逐一展開對這些元原理的深入討論，揭示它們如何在物理、化學、生物、社會科學、哲學、認知科學、資訊本體論與人工智慧的維度上發揮作用，並為人類未來的發展指引方向。

宇宙起源的對稱性破缺：
創造源於破缺，智慧源於矛盾

在這個瞬息萬變的世界，我們時常感到迷茫：宇宙為何而存在？生命的意義究竟是什麼？這些深刻的神學問題，不僅是人類數千年來孜孜不倦追求的答案，也在現代科學的進步中，悄然改變著我們對現實的理解。

如果說宇宙是一首偉大的交響樂，那麼它的旋律便以「對稱性」作為主題，象徵著和諧、平衡與秩序。無論是在物理定律的數學描述中，還是自然界的對稱結構裡，我們總能看到這一法則的印記：從雪花的六邊形，到蜂巢的完美幾何，從物質的原子排列到星系的宏觀結構，對稱性無處不在。然而，如果宇宙只是永恆的對稱，這個世界又會是什麼模樣？

答案是，一潭死水。

完美的對稱意味著靜止與單調，沒有變化，也沒有創造力。幸運的是，宇宙並非如此。在那和諧之中，隱藏著微小但關鍵的不完備性，這種「對稱性破缺」成為了宇宙生動多彩的源泉。正因為如此，我們才有了星系的誕生、生命的出現，乃至人類智慧的湧現。

本書將從對稱性與對稱性破缺這一根本概念出發，探討智慧的起源與湧現。我們將穿越神學的深邃思考、量子力學的奇異世界，以及熱力學與人工智慧的前沿探索，試圖揭示：

- 為何不完備的對稱性是創造力的起點？
- 為何對稱性破缺推動了宇宙與生命的進化？

- 智慧如何在這種張力中湧現？

這是一趟揭開宇宙隱藏法則的真理旅程，也是一場重新思考自我與智慧本質的深刻對話。讓我們從這裡開始，去發現對稱與破缺之間那微妙的動態平衡，去理解宇宙如何透過這樣的張力譜寫出無盡的奇蹟。

愛因斯坦說：宇宙的最高奧祕不是它的可理解性，而是它能夠被理解。在最深的混沌之中，藏著最偉大的秩序。

對稱性的永恆魅力

對稱性不僅僅是自然界的美學原則，更是科學探索的基石。在數學中，對稱性表現為方程的不變性；在物理學中，它是守恆定律的來源，例如能量守恆、動量守恆和電荷守恆等基本法則。而在生物學中，對稱性更成為演化穩定性的象徵，從基因分子的雙螺旋結構到生物體的形態設計，無不反映著對稱性帶來的適應性與生存優勢。

然而，對稱性並非僅限於物理世界，它也深刻影響著我們的認知與文化。從藝術到建築，從音樂到文學，對稱性始終吸引著人類的目光。我們崇尚對稱，因為它象徵著秩序與穩定，為我們提供了一種熟悉而可預測的安全感。

但這種安全感只是故事的一部分，因為宇宙的精彩之處不僅僅在於它的秩序，更在於它的變化。

對稱性破缺：創造的起源

對稱性破缺是宇宙走向多樣性與創造性的核心驅動力。當完美的對稱遭到微小的偏離時，智慧湧現讓新的結構和現象應運而生。例如，粒子物理學中的對稱性破缺，解釋了宇宙中物質比反物質略多的現象，從而使星系、行星和我們的存在成為可能。

這種破缺並非混亂，而是宇宙進化的必要條件。正是因為有對稱性

被打破，能量才能從靜態轉化為動態，進一步推動星辰的燃燒、生命的誕生，乃至智慧的湧現。對稱性破缺的過程，就如同一幅畫布上的微小裂縫，為創造力提供了進入的通道。正如魯米所說：傷口是光進入內心的地方。

更重要的是，對稱性破缺不僅僅是物理現象，它也在更高維度上塑造了我們的世界觀。它讓我們看到，所謂的「完美」往往隱藏著「不完美」的種子，而這些不完美才是進化和創造的真正驅動力。

對稱性破缺的三種形式

對稱性破缺不僅是宇宙生成與進化的關鍵，也可以從不同維度展現其多樣的表現形式：

- **衰變的能量不守恆**：在粒子物理學中，能量的不守恆現象常常與對稱性破缺密切相關。例如，中微子的震盪與粒子的衰變，表現為能量的微小偏差，揭示了宇宙中更高維度上的不對稱結構。這些微小的破缺，正是推動物質生成與演化的動力。

- **無常性的熵增**：熱力學的第二定律表明，熵（混亂程度）的增加是一種不可逆的過程，意味著宇宙正從有序走向無序。然而，熵增並非單純的混亂，而是在微觀層面引入了結構的多樣性。例如，星系的形成與生命的進化，都在熵增的背景下展開，體現了無常性的挑戰與意識的創造性之間的微妙平衡。

- **自發性的智慧湧現**：對於更高維度的現象，例如智慧的湧現，對稱性破缺展現了一種自發性質。從神經元的動態連結到人工智慧的深度學習，智慧的形成，往往源於系統內部的微小破缺與不穩定性，進而促成新的認知模式與解決方案的誕生。

智慧湧現：對稱與破缺的終極交響

智慧湧現是對稱性破缺的最高表現形式，它將物理的、不完備的對稱性推向新的維度。在這一過程中，系統透過自我調整與學習，超越了既有的限制，創造出全新的可能性。無論是人類的思想進化，還是人工智慧的發展，「自我重構」的智慧湧現，都是對稱性與破缺張力的最終禮讚。

接下來的章節，我們將深入探索這些現象，揭示對稱性與破缺之間的微妙平衡，是如何成為宇宙進化與智慧湧現的核心動力。我們將以此為基礎，嘗試解碼未來的無限可能性，為人類理解自身與宇宙開創新的視野。

智慧湧現的三個階段 —— 探索、反思、整合，象徵著一場充滿挑戰的英雄冒險之旅。這段旅程，不僅是對知識疆界的開拓，更是對生命意義的深刻詮釋，值得我們為之奮鬥一生。

- 卡萊爾：登上智慧之巔的人，始終是那些敢於直面未知的探索者。
- 愛因斯坦：宇宙的每一個祕密，都隱藏在勇敢者的腳步之下。
- 齊克果：生命的真正價值，不在於答案，而在於追求答案的過程。
- 薩根：智慧不僅在於我們已經知道的事情，更在於我們如何面對我們尚未知曉的世界。
- 愛默生：人生最美的旅程，不在於終點，而在於沿途不斷發現自我與宇宙的可能性。

宇宙的最高指導原則：
進化原理的無序之美

　　為什麼書名選擇了「智慧湧現：不完備的對稱」？因為在宇宙的進化中，正是那些看似不完美、存在缺陷或失衡的矛盾狀態，孕育了生命無限的可能性。這並非僅僅是抽象的哲理，而是我生命經歷中的真實寫照。我是一名帶著過動和自閉症特質成長的孩子，這些特質雖然一度被視為「缺陷」——例如小時候，有人認為我無法言語，是個「啞巴」——但事實上，它們深藏著令人驚嘆的潛能。

　　我的過動賦予我無窮的精力，驅使我不斷探索；而自閉特質則帶來專注與抗壓的能力，讓我能在某些領域深耕，面對挫折時依然堅韌不拔。以過動為例，在適當的支持下，這種特質能轉化為一種強大的優勢——當我對某件事物產生熱愛，我能全然投入，展現驚人的專注力並達到深刻的理解。同樣，自閉的「不敏感」讓我對環境壓力具有高度的耐受力，無論面對多麼複雜或高壓的情境，我都能保持冷靜與穩定，持續向前。

　　在許多情境中，過動者和自閉者的思維方式被認為與眾不同，甚至是「異類」，但正是這份獨特性，常常帶來卓越的創造力與批判性思維。他們敢於挑戰傳統，具備敏銳的洞察力，能從全新角度審視問題，提出創新解決方案。這些特質雖然被標籤為「不完備」，但在對稱性的另一面，卻隱藏著無限的可能。透過適當的支持和引導，我們可以將這些特質轉化為湧現的智慧，在與天地、眾生、自我相遇的過程中，不斷發掘並釋放自身的價值。

　　本書的核心便是探索這些「不完備中的對稱」如何孕育出智慧。每一個看似「不完美、缺陷或問題」的發生，背後其實蘊藏著更高維度的

真理與無限可能的潛能，只待我們去挖掘、激發和釋放。這是宇宙的無序之美，也是智慧湧現的真正力量。

在人類面對無常與未來的不確定性時，唯一可靠的依靠便是挖掘「真理」，以及由此而生的「智慧湧現」。

無常提醒我們，生命是如此脆弱且充滿未知。它讓我們清醒的意識到，當下所擁有的一切，可能隨時改變甚至消逝。正是為了應對這種變化，人類不斷追尋真理，試圖揭開宇宙深處穩定的規律與守恆法則，以便在混沌與波動中找到那份持久而可靠的根基。

真理不僅是對世界運行邏輯的理解，更是人類心靈的支柱。當我們探索並掌握宇宙中不變的原則，例如對稱性與守恆定律，我們便能在紛繁的變化中，感知秩序的存在。而智慧湧現則進一步將真理應用於全新的情境，從中孕育創新與解決方案，幫助我們在變化中找到新的平衡與方向。正是這種智慧湧現，使人類能在不可知的境遇中，依然擁有勇氣去探索未知，並以堅韌的姿態面對挑戰。

智慧湧現，往往以「頓悟」或「直覺」的形式展現。它是無常與不確定性對人類的啟發，是我們對未來充滿敬畏時的最佳回應。每一次智慧湧現的瞬間，都是人類在無常中找到秩序、在不確定中創造穩定的光輝時刻。這是我們進化與成長的見證，更是對生命永恆挑戰的回應。

大自然的經濟性與對稱性：宇宙運行的根本法則

大自然對「經濟性」與「對稱性」有著獨特的偏愛，這兩者成為現代物理學最底層的規律。其中，經濟性體現為「最小作用量原理」，在人類行為中表現為某種利己傾向。這一部分我們將在後續章節詳述。而對稱性則具有更加深遠的意義——它不僅展現出數學與美學中的和諧美，還是物理定律背後的核心基石。宇宙萬物的運行，都依循著對稱性的規律展開，呈現出一種「隱藏的秩序」。

在物理學中，對稱性與守恆定律的聯繫，堪稱其最為重要的原理。數學家埃米・諾特（Emmy Noether，1882 年至 1935 年）的「諾特定理」揭示，每一種對稱性都對應著一種守恆量：時間的對稱性對應於能量守恆，空間的對稱性對應於動量守恆，旋轉對稱性則對應於角動量守恆。這些守恆定律表明，宇宙的穩定性與有序性源自對稱性的深層結構。無論時間如何流逝、空間如何變動，或能量如何轉移，物理定律始終保持穩固不變。

這種「變中有不變」、「無序中藏有序」與「現象中藏本質」的陰陽對稱性，展現出宇宙秩序與規律的最高指導原則。對稱性讓我們看到，在表面上的混亂背後，隱藏著高維的運行規律；在繁複的現象之中，存在著簡潔而永恆的真理。「陰」象徵現象界的無序與混沌，「陽」則代表本質的有序與和諧。而對稱性則揭示了一個深刻的宇宙法則：任何實粒子（陰）的存在，必然伴隨著一個虛粒子（陽）的出現，兩者之間緊密相連，形成所謂的「量子糾纏」。這種對稱性不僅反映了電磁力與光子的相互依存，也揭示了宇宙運行中的平衡與統一，為我們理解自然的基本規律提供了全新視角。

對稱性的美，不僅存在於科學之中，也深深植根於哲學、藝術、音樂與文學的創作之中。在這些領域，對稱性成為連接正反、陰陽、鏡像、波粒、靜動、生死、天地等對稱面之間的橋樑。這些對稱的糾纏不僅揭示了萬物運行的內在邏輯，更體現了宇宙秩序的普遍性與和諧美。

這種秩序之美，不僅來自科學的精確計算，更是人類思想與靈感的智慧結晶。科學中的客觀對稱性揭示了宇宙規律的穩定性，而人文創作則賦予這些規律以情感與愛意，使其展現出更具人性化的美感。在科學與人文的交融中，智慧得以湧現，讓我們透過這種交互作用的視角，窺見宇宙深處的真理與有序的美感。

例如，大自然與藝術創作中的「黃金比例」，正是科學與藝術完美

結合的典範。黃金比例的對稱性之美不僅蘊含數學的嚴謹性，更是自然和諧的象徵。它啟發我們，在追尋真理的過程中，既要擁抱科學的理性，也要尊重人文的感性，從中汲取智慧的源泉，並將這份智慧帶入對未來的探索之中，如圖3。

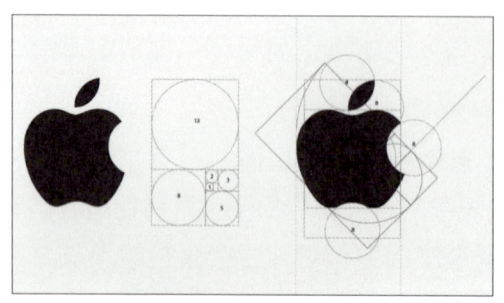

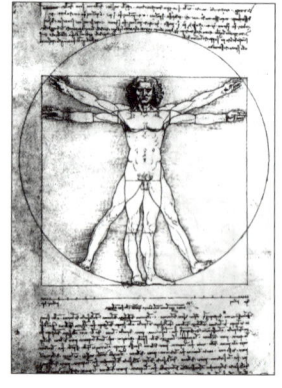

圖3：黃金比例中不完備的對稱之美

對稱性與不完備性的智慧湧現，讓生命從一片混沌的「無序」之中「有序」誕生，再從「簡單的系統」邁向「複雜的文明」，這就是「進化」。

無序中的有序：古人對宇宙秩序的洞見

在充滿變化與混沌的無序之中，古人仰望星空，俯視大地，透過日月星辰的運行與四季的更迭，洞悉了宇宙的奧秘與生命的真相。他們在

天地萬象的流轉中，感知到一種超越人間表象的隱藏力量與自然之美：一種永恆不變的天道，或稱宇宙法則、原理與定律。這些規律雖隱匿於無常的變化之中，卻成為古人智慧理解宇宙的起點，並揭示了其中無數隱藏的秩序與正反對稱的美感。

每一個人世間的現象，無論多麼紛繁複雜，其背後必然存在一個有序的「複雜系統」或「數學模型」。哲學家稱其為「真理」。老子稱之為「天道」，佛家稱之為「如來」或「真如」，科學家稱之為「原理」或「本質」，而藝術家和文學家則讚美並創作出這種「無序之美」。

真理是萬物萬象的「使用說明書」，也是萬物本性與本質的最終指南。它是完美的結構體，指引著宇宙中一切的運行與變化，不同的傳統思想對真理有著各自的詮釋：

- 西方哲學將其稱為「真理」或「本體、萬物靈魂」；
- 老子稱之為「天道」或「萬物母體」，是孕育萬物的終極根源；
- 佛家將其稱為「法界」或「如來」，認為真理是超越形式的實相；
- 科學家稱其為「原理」或「本體與本質」，是宇宙運行的基本法則；
- 數學則以「樣本數的母體」、「集合」、「系統」或「模型」描述其精確性與規律；
- 藝術家和文學家讚美這種「表象無序」背後的「高維有序」，創作出映照真理之美的作品。

這種「表象無序」與「高維有序」的鏡像對稱性，構成了創造萬物與萬象的基本架構。看似混亂的現象背後，其實蘊含著不可見的和諧與秩序，而這正是宇宙智慧最高維度的顯現。

亞里士多德認為，萬物皆有靈魂，靈魂是萬物本體的核心，帶有其獨特的「相對真理」。然而，只有整體的母體或本體，才是「絕對真理」。

這種絕對真理超越了個體的感知範疇，成為所有存在的根基與最終歸宿。

絕對真理是永恆的，無法被人類完全抵達，但人類可以透過學習、體驗和進化，不斷接近母體。每一次對真理的探索，都是對自身靈魂與世界本質的重新理解與超越。這種追尋無止境，卻又充滿意義，因為它讓我們得以參與宇宙的智慧湧現，體驗萬物的奧祕。

無論是老子天道觀的萬物母體、亞里士多德真理觀的靈魂本體，還是佛家法界觀的如來，這些思想都指向同一個核心：真理是一種完美的結構，是萬物運行的基礎法則，也是人類不懈追尋的終極目標。人類的每一次進步，無論是在哲學、科學還是藝術上的創新，都是為了更接近這個絕對真理。雖然我們永遠無法達到它的頂峰，但我們可以在這無盡的追尋中，找到屬於自己的智慧、平和與滿足。

正如混亂的現象背後必有秩序，我們的生命也是如此。看似破碎的經歷與矛盾，實則是在構築我們內在的秩序與和諧。真理不是遠在天邊的答案，而是指引我們活得更加真實、有智慧的指南。

例如，物理學中的「混沌理論」，看似描述了完全無法預測的系統，然而深入分析後我們發現，混沌系統其實遵循著某些隱藏的規律，使得局部的無序與整體的有序並存。此外，「分形理論」展示了自然界中的自相似模式——無論是山脈的起伏、樹枝的分叉，還是河流的分佈，這些看似隨機的形狀，實則蘊含著有序與可預測的數學規律。

再以一片葉子為例，透過感官，我們注意到葉子的顏色、形狀與大小；而葉子的生長與凋零機制，則隱藏在微觀層面的生理與化學反應中。這些反應運作的背後，正是宇宙規律的縮影。

同樣，藝術與文學也經常表達對稱與無序的美感。例如畫作中的光暗對比，詩歌中的陰陽互補，又或是美醜共存、生死交替——這些現象揭示了世界的多樣性，也彰顯了對立中的包容與轉化。它們傳達出一個深刻的訊息：無序與有序並非相互矛盾，而是交織而成，共同構築了我

們感知的現實世界與背後的基本規律。

這些隱藏於現象背後的真理，展現了對稱性之美。無論時間、空間或能量如何流動，這些真理的本質始終保持對稱性的守恆。正是基於這些穩定的規律，人類得以解決複雜的問題，穿越重重困境，並在混沌無序中，找到創新的新秩序，推動進化的方向。

更高維度的守恆真理，隱藏著無限的可能性與潛在的創新知識。透過智慧湧現的直覺力，人類才能將這些真理「下載」為可實踐的知識，進而應用於解決困境、造福人群，並推動文明的進化與提升。

守恆與破缺：創新與進化的起點

然而，守恆性並非無限適用。它只在一定範圍內成立，因此我們所能探索到的某個真理，本質上是一種「相對真理」。當某一現象超出其守恆適用的範圍或維度時，守恆性便會失效，這正是所謂的「對稱性破缺」：因果關係中斷、正反矛盾產生、陰陽失衡或動態秩序被打破。

對稱性破缺是宇宙中最根本的「必然性」，它並非錯誤，也不應被視為災難或罪惡。相反，破缺是創新的起點──舊秩序的瓦解，為新秩序的誕生，創造了契機。這種轉變揭示了一條深刻的宇宙法則：每一次危機，都是「危」險與「機」會的交織點，每個困難背後，都蘊藏著進化與創造的可能性。

正如愛因斯坦所言：「我們不能用製造問題時的同一水平思維來解決問題。」 這句話深刻表明，在面對困境時，我們必須提升到更高的思維維度，或者採用全新的視角來尋求突破。每一個問題的背後，其實都隱藏著一個更高維度的真理，等待我們去挖掘、理解、內化，並轉化為實務經驗。這正是學習與成長的核心──透過挑戰提升智慧的維度，最終解決問題並邁向更高的智慧維度。

無常與困難：生命的必然挑戰

　　無常與困難的出現並非偶然，而是生命中「必然且持續」的挑戰。這些挑戰帶著教導意義，敦促我們成長。每個問題與困境，都以不同的形式反覆出現，直到我們能掌握其背後的真理。這個過程不僅是解決當下困境的努力，更是對自我「智慧維度」的提升。每一次成功突破，都能幫助我們從更高的視野，重新審視未來的挑戰，並以更大的從容與自信迎接它們。

　　透過這樣的理解，我們不再將困難視為障礙，而是生命中的教師。只有透過提升智慧的維度，觸及問題背後的更高維度真理，才能真正克服困難，並在成長的道路上邁出堅實的一步。

　　世界就像一場遊戲，而遊戲中的妖怪，換成了無序的假象與人性的謊言。我們的挑戰，是在這場遊戲中「過關斬將」，正視假象與謊言，找到通往真理的道路。而這個過程的祕訣，就藏在真理之中：透過智慧，看穿無序的表象，直達真理的本質。

　　正是這種能力，讓我們在混沌中找到秩序，在對稱性破缺中發現創新的契機。透過智慧的湧現，我們不僅能克服眼前的困難，更能探索生命與宇宙深處的潛能，創造出全新的秩序與方向。

　　曾讀到這樣一段文字：

　　我渴望力量，上帝卻給我困難，讓我鍛煉，渡過後，我就更有力量；
　　我渴望智慧，上帝卻給我問題，讓我解決，解決後，我就更有智慧；
　　我渴望勇氣，上帝卻給我危險，讓我克服，克服後，我就更有勇氣；
　　我渴望財富，上帝卻給我體力和頭腦，讓我勞動；
　　我渴望愛，上帝卻給我一個遇到麻煩的人，讓我去幫助⋯⋯

　　是啊，上帝不會直接給你所需要的東西，有時，祂給你的，甚至是你所需要的反面與矛盾。就如蓮，上帝給它的是汙泥，卻成就了它出淤

泥而不染的高潔；就如蛹，上帝給它的是繭子、是束縛，卻成就了它破繭而出的飛翔。

有多少成功人士，當上帝給他們以苦難，他們卻把苦難當做一種隱藏的祝福；當上帝給他們以黑夜，他們卻把黑夜當做抵達黎明的必經通道。面對苦難和黑夜，他們不是悲觀歎氣，而是積極進取，去迎接人生的日出。

其實接踵而至的苦難，則是上帝給我們的「化了妝的祝福」，上帝不會直接給你所需要的東西，一切都需要你用一顆積極、堅強和樂觀的心去面對，去接納，去迎戰。一個人只要心中有陽光，有日出，身處的環境就算漆黑如夜，也會擁有美麗的人生。

事實上，「反面計畫」才是學習成長的藍圖與導師。因此，失敗應該被理解為不完整的成功，是通往真理的大門，只要你不放棄，便不存在所謂的失敗。

熵增與智慧湧現：從無序到創新的進化之道

在「熵增」帶來的隨機混亂與無常中，宇宙持續擴展混沌與無序，挑戰不斷加劇，彷彿是命運對生命韌性與潛能的刻意考驗。生活中，我們目睹無序的不斷擴張，面對不公、不義與痛苦，生命反覆遭遇問題與困境。然而，這些挑戰並非純然負面，而是對稱性缺口帶來的成長契機。正是這些正反矛盾與動態失衡，讓生命得以直面更高維度的真理，突破自我限制，最終挖掘出隱藏在更高維度中的對稱之美與守恆法則。

數學家玻爾茲曼曾說：「混亂無序的擴展並非上帝強加的力量，而是原子隨機碰撞的結果。」這種隨機性為環境帶來了不確定性，也產生了無數的新問題。透過這些挑戰，大自然精心設計了一個充滿變化與可能性的現實世界，使生命能在不穩定中找到創新的契機。

雖然對稱性展現了宇宙的秩序與美感，但它不可避免的受到不完備

性的衝擊。當對稱性破裂時，舊秩序崩解，而更高維度的創新真理與秩序，便在這些缺口中誕生。這象徵著宇宙充滿無限可能，學習永無止境，成長沒有盡頭。

「不完備性」並非缺陷，而是生命與智慧進化的契機。當舊的守恆失效、對稱性瓦解時，生命從這些缺口中浴火重生，螺旋式向上攀升，挖掘出更高維度的真理。這種過程讓對稱性之美不斷提升，展現出宛如黃金比例般的優雅。

例如，在科學史上，愛因斯坦提出的相對論，正是一場智慧湧現的典範。在經典力學無法解釋光速不變的困境中，愛因斯坦突破了舊有思維的限制，打開了通往更高維度真理的蟲洞，創造了嶄新的物理學框架，徹底改變了我們對宇宙的認知。

同樣，蘋果創辦人賈伯斯推出的 iPhone，亦是智慧湧現的傑作。在功能有限的鍵盤手機主導市場時，賈伯斯看到了舊秩序中的缺口。他憑藉創新智慧，將手機重新定義為結合觸控螢幕、應用生態系統與多功能的智慧設備，徹底改變了人類與科技的互動方式，創造出全新的市場秩序。

這些智慧湧現的過程，無論是科學創新還是技術突破，都表明：當舊秩序無法滿足現實需求時，透過創新，我們能打開通往更高維度真理的蟲洞，下載並內化新知識，解決問題並推動文明進步。這些創新知識不僅解決當前挑戰，還能開啟全新的探索方向，推動生命與意識進化。

不變的變化、毀滅與重生，無序中的規律、矛盾中的突破──這正是宇宙「不完備的對稱性」的精髓所在。人生其實是一場不斷縮小對真理認識偏差的更新之旅，也是一場不斷追尋至善至美的進化旅程。智慧湧現，是宇宙贈予我們的最高禮物，引領我們穿越混沌，邁向無限可能的未來。

日常生活中的真理：從無序中發現秩序之美

在這個看似平凡、混亂無序的世界裡，若我們能靜下心來「觀察」，活在當下，便會發現無數細微而深邃的有序之美。那些我們外求的聖賢之言，常常不過是自以為是的幻覺，而對稱性的正反平衡、陰陽互補之美，其實早已隱藏在我們腳下粗糙的地面之上。

透過更高維度的「體驗」，我們能在日常生活的點滴細節中，發現無序與無聊中的互補之美。這種「正反的互補」與「有序無序的對稱」往往引發創造性的思維，讓我們觸及所謂的「頓悟」或「直覺」。而這些頓悟，說到底，才是人生真正的意義與快樂之源，不是嗎？

我們必須建立自己的信念，學會直面世界的真相：不要否認醜陋，不要迷信虛假的美麗。只有當我們的信念能夠接納痛苦，才能在這無序的世界裡，創造出最接近完美的有序之美。因為真正的美，不是迴避殘缺與醜陋，而是能夠將它們包容，並作為美的一部分呈現。

這種包容與接受，不僅是一種力量，更是一種智慧。它讓我們明白，失敗與挫折並非絕境，而是創新的缺口，是真理的導師。透過這些缺口，我們得以穿越表象，接近內在的本質，並在這過程中找到屬於自己的答案。

宇宙即是你，你即是宇宙。透過日常生活的互動，深入體驗與反思，我們逐漸找到人生的意義，並在各個階段發現答案。這種成長的過程，不僅讓我們見天地、見眾生，更讓我們見到真正的自己。

在這不斷的反思與整合中，我們學會接受那些看似矛盾但實則互補的相對答案，促使意識與認知不斷擴展，視野與邊界隨之延伸。最終，我們得以穿越無序與混沌，觸及萬物靈魂之所在——那是對自我的認識，也是對宇宙真理的理解。

智慧湧現產生於不斷與外在環境的互動中

本書的核心，在於揭示通向智慧與真理的有效思維方式，這也是大多數人，難以實現實質成長與改變命運的關鍵所在。長久以來，人們被灌輸要依賴「用心思考」的邏輯推理，而忽略了智慧真正源於「用心觀察」的經驗歸納。我們需要認清並覺醒，人類其實擁有兩種截然不同但相輔相成的思維方式：

- **理性主義思維 —— 思想的邏輯推演**：基於既有的「已知」知識與邏輯框架，依賴固定結構進行推導。這種思維方式適合於穩定的體系中進行精確的演繹，但其局限在於，難以突破既有的範疇，去探索未知的領域。

- **經驗主義思維 —— 實踐的經驗更新**：對於「未知」與不確定的真理，始於行動與實際觀察的歸納推理，透過不斷的實踐、體驗、糾錯、反思與優化，積累新知識與洞見。經驗主義強調與環境的動態互動，接納不確定性，並從中挖掘出新的真理。

　　智慧不同於純粹的理性，它是一種對未知的洞見與直覺，是對真理的直接體驗。這種領悟超越了因果邏輯與框架推理，只有透過經驗的累積與開放的心態，才能真正獲得。現代文明的飛速發展，正是因為人類逐漸從理性主義轉向經驗主義，認識到信念與實踐才是真理的根源。也唯有活在當下、勇於嘗試與接納錯誤，才能直達靈魂的真理本質，讓真正的智慧自然湧現。

　　進化原理所揭示的無序之美，是宇宙的最高指導原則；真理則是智慧湧現的根源；而智慧，正是推動創新、促進進化與建立高度文明的關鍵力量。人生，是一場不斷縮小對真理認識偏差的更新之旅。我們所經歷的每一件事，都在逼迫我們直面人生的不完美，並在這些不完美中找到真理之所在。

　　唯有勇敢接受生命的殘缺與矛盾，並以開放的態度擁抱未知，我們才能在無序中發現秩序，在困難中洞悉真理，從而讓智慧如泉湧般，照

亮我們的成長之路，推動文明邁向無限可能的未來。

昨晚，我做了一個令人深刻的夢

夢中的我獨自行走在一條漫長的泥濘小徑，兩旁的樹枝上覆滿白雪，四周一片寂靜，彷彿時間凝固。我在這無盡的道路上行走，心中既茫然又孤獨。忽然間，遠方傳來腳步聲，有人逐漸向我走來。

當那個人越走越近，我愕然發現，那是過去的自己———年輕、充滿活力，懷抱著無數未來的夢想與渴望。我感受到他的青澀，也看到了他眼中未曾消退的那份堅定與熱切。

那一刻，我滿心喜悅，內心湧動著無數話語，迫不及待想向過去的自己傾訴。我想告訴他，人生的挫折與痛苦，如何讓人成長；想告訴他，那些錯誤與遺憾，是如何塑造了今天的我。我更想告訴他，未來的生活遠超他的想像，它或許與他的願景截然不同，但也正因為如此，生命才愈發美好。

我張開嘴，想把這一切說出來，但卻發現自己無法發聲。這時我明白，這些經歷是他必須親自體會的旅程。他必須走過自己的路，犯他應犯的錯，體會他該經歷的愛與痛，然後，像我一樣，最終看見生命的全貌。

於是，我靜靜看著他擦身而過，繼續走向遠方。而我則回過頭，走向屬於自己的未來。

夢醒之時，我感受到一種前所未有的平靜與明悟：人生沒有捷徑，每個人都需要走過自己的路，經歷屬於自己的挑戰與成長。我們會在過程中學會愛，學會理解，學會成為自己命中注定的樣子。

這趟旅程或許漫長，但它值得我們全心全意的走完。因為，正是在這不斷邁步的過程中，我們找到了生命的真正意義與智慧湧現的契機。

- 愛因斯坦：在混亂中尋找簡單，在不和中發現和諧。在每一次挑

戰背後，都隱藏著通向真理的大門。

- 普朗克：接受未知並非懦弱，而是通往無限可能的起點。
- 赫塞：每一次破碎，都是一次新秩序的誕生；每一片殘缺，都是未來的智慧種子。
- 黑格爾：真正的智慧，從來不是拒絕矛盾，而是穿越矛盾，找到更高的和諧。
- 林文欣：人生沒有終極答案，只有理解、創新與意義。

龐加萊的三體問題：複雜性的起點

如果牛頓的二體理論，象徵著簡潔與因果關係的宇宙秩序，那龐加萊的三體問題便揭示了動態、多維、多因素交織下，混沌真相與非因果關係的複雜現象。三體問題是物理學和數學中的一個經典難題，旨在探討三個天體在相互引力作用下的運動規律。然而，這個看似簡單的問題，卻深刻動搖了人類對宇宙簡單秩序的信仰，推翻了牛頓定性力學對世界的因果線性描述。

在牛頓力學的理論框架中，二體運動的規律可用數學方程精確描述。例如，地球圍繞太陽的軌跡遵循著簡單的橢圓定律。牛頓的萬有引力公式不僅解釋了行星運動，也創造了數學精確性與宇宙秩序的迷人神話。

然而，當第三個天體被引入系統，這種簡單的精確性便開始瓦解。三體系統中，每個天體同時受到另外兩個天體的引力影響，導致其運動呈現出極其複雜的非線性模式。龐加萊在 19 世紀末的研究證明，這一問題無法透過簡單的方程精確解決，宇宙的真實運動遠比我們想像的更加不可預測。

三體問題：動態、多維與混沌

龐加萊的研究表明，三體系統的運動並非如牛頓二體那般可預測，而是呈現出極為複雜的動態行為，並引發了混沌理論的誕生。三體問題之所以困難，源於以下幾個特徵：

- **動態性**：三體系統中的每一個天體的位置與速度都在不斷變化，並相互影響。這種動態性意味著整個系統永遠處於運動中，無法靜止或簡化為固定的因果模型。

- **多維性**：三體問題並非僅僅在三個天體之間作用，而是涉及更高維度的相互作用。龐加萊指出，系統的運動軌跡是一個「相空間」中的複雜圖案，這是一個超越我們直觀理解的高維幾何結構。
- **混沌性**：最令人震撼的是，三體系統的軌跡具有敏感依賴性，即微小的初始條件變化，尤其是偶然性的「創新」，會導致完全不同的結果。這正是「蝴蝶效應」的數學基礎，顯示出宇宙的內在不可測性。

龐加萊用他的研究徹底顛覆了牛頓的宇宙簡單模型。他證明了，即使有最精確的初始數據，三體系統的長期行為仍然是不可預測的。這也為混沌理論打下了第一塊基石。

龐加萊的三體問題並不僅僅是物理學的難題，它還深刻啟示了人生的本質。人生本質上是一個動態、多維、多因素的複雜系統，我們的每個選擇、每個經歷，甚至每一個微小創新的變數，都可能導致截然不同的結果：

- **人生的動態性**：人生從不靜止，它總是受到內外環境的影響。無論是事業、情感還是學習，我們都在不斷調整，應對變化。
- **人生的多維性**：每個人的人生都由多個維度構成，例如家庭、事業、健康、心理等。這些維度之間並非孤立，而是相互影響、交織成一個複雜的系統。
- **人生的混沌性**：就像三體問題的敏感依賴性，我們人生中的一些小決定、小行動，可能會帶來出乎意料的大變化。這種「混沌性」提醒我們，無論計畫多麼周密，人生總有不可控的未知。

推翻牛頓的因果與定性世界

龐加萊的三體問題打破了牛頓物理學中對簡單、可預測的迷信，向人類展示了宇宙中的複雜與不確定性。同樣的，在人生中，我們也需要

放棄對「穩定」、「絕對」或「單一成功模式」的幻想,而是要擁抱動態、多維的現實:

- **從線性思維到系統思維**:龐加萊讓我們明白,宇宙不是簡單的因果鏈,而是多因素交織的系統。我們在人生中也應該以「系統思維」看待問題,考慮不同維度之間的相互影響。
- **從確定性到不確定性**:人生如同三體問題,存在許多不可測的變量。接受不確定性,學會在混沌中尋找機會,才是應對複雜人生的智慧。

龐加萊的三體問題不僅推翻了牛頓世界對確定性與靜態因果論的迷思,更為我們打開了一個全新的視野。在這個世界中,不確定性與未知並非威脅,而是宇宙運行的本質規律;動態的多維互動與複雜系統才是真實存在的核心。

在人生的旅途中,我們需要捨棄對傳統確定性與靜態因果論的執念,不再追求單一的公式或簡單的邏輯來解釋一切,而是學會擁抱不確定性,面對未知,接受人生如同三體問題般的動態與混沌。在這樣的複雜系統中,雖然無法完全掌控每一步,但卻能在不斷的適應與探索中,找到成長的契機與進步的可能性。

龐加萊的革命性視角提醒我們:真正的智慧不在於追求完美的確定性,而在於學會在混沌中尋求規律,在複雜中尋找創新,並在不確定性中找到生命的意義。宇宙與人生的進化,正是從這種複雜與不確定中孕育而生。

- 尼采:混沌是尚未被理解的秩序。
- 蘇格拉底:智慧是對世界的無知的承認,並以此為基礎去發現規律與創造秩序。

- 海德格：人之為人，在於我們能夠在世界的不確定中，找到自身的定位與意義。

- 維根斯坦：宇宙不是完全確定的，而是充滿可能性，這讓我們擁有無限的自由去創造。

- 齊克果：生命的價值不在於答案的確定性，而在於提問的深度與探索的過程。

- 林文欣：智慧的誕生，不在於答案的完美，而在於混沌中發現秩序，複雜中觸發創新，不確定性中找到生命的方向。萬物靈魂有可能是不確定性的量子態波函數，其無限可能的潛在性，才使得人生變得複雜性與精彩豐盛。

哥德爾不完備性：創新的矛盾缺口

在 20 世紀初期，數學界正處於一場尋求「絕對真理」的激烈運動中。這場運動由著名數學家大衛・希爾伯特（David Hilbert）領導，他的「希爾伯特計畫」試圖創建一個完備且自洽的數學系統，為每一個數學命題提供確定的答案。在這個系統中，數學將不再有任何不確定性，成為人類智慧的理性巔峰。

然而，1931 年，年僅 24 歲的奧地利數學家庫爾特・哥德爾（Kurt Gödel）登上了歷史舞台，以他的著名定理：「哥德爾不完備性」，徹底顛覆了人們對完美自洽系統的幻想。哥德爾證明，在任何足夠複雜的數學系統中，都必然存在無法被該系統自身證明或否定的命題。這一發現揭示出：「絕對真理」是無法在封閉系統中達成的，數學世界的自洽性與完整性，注定存在著不可彌補的缺口與缺陷。

這一結論同時也證實，因果論與對心靈平靜的追求，往往是世上最大的迷信。人類習慣尋找因果的線性關係，企圖透過簡化的邏輯來解釋複雜世界，或試圖在靜態的平靜中逃避矛盾。然而，這種追求並不能帶來真正的成長與幸福，反而使人停滯於虛幻的安逸之中。

真正的進化，來自於擁抱矛盾，從不完備中看到前進的契機，並在不確定性中不斷追求自身幸福。化解矛盾、超越現實，這才是推動人類持續學習、突破與成長的根本動力。進步並非終點，而是一個永無止境的動態過程，讓我們在不斷解決問題中，實現更高維度的自我超越與生命價值。

這一發現猶如一道閃電，徹底震撼了數學界。哥德爾不完備性挑戰了人類對真理的理解，並揭示了即使在最嚴謹的邏輯與數學系統中，也

會有無法觸及的未知領域。這一思想影響深遠，為哲學、科學和數學提供了一個全新的視角。

發明「黑洞」一詞的美國著名物理學家約翰‧惠勒（John Archibald Wheeler）在 1974 年發表的文章中曾斷言：即使到了西元 5000 年，如果宇宙依然存在，知識依然放射出光芒，那麼人類仍會將哥德爾的不完備性與量子力學的不確定性，視為一切知識的核心與支柱。

這兩大原理，共同構成了人類認知的核心邊界，它們告訴我們：

- 無論科學如何發展，真理如何接近，人類對知識的探索始終是不完備的，每一個答案背後都隱藏著新的矛盾與未知。
- 世界的本質並非完全可知，充滿著不確定性與未知的邊界。

在哥德爾的生活中，愛因斯坦是他最重要的知己之一。1940 年代，哥德爾移居美國，並成為普林斯頓高等研究院的一員。當時的高研院雲集了眾多頂尖科學家，包括相對論的創立者愛因斯坦。

愛因斯坦與哥德爾之間的友誼深厚且富有啟發性。兩人經常一起散步，討論數學、物理與哲學問題。愛因斯坦對哥德爾的思想極為讚賞，甚至曾表示，「我之所以每天來辦公室，是為了有機會與哥德爾一起散步。」這句話不僅是對哥德爾天才的一種肯定，也反映了兩人在思想上的相互激發。

然而，哥德爾的生活並非一帆風順。他因極度追求真理與完美，逐漸陷入孤獨與自我懷疑。哥德爾性格內向，對健康問題極度敏感，甚至有偏執症的傾向。他堅信自己的食物可能被下毒，因此拒絕進食，最終導致營養不良與身體虛弱。

1978 年，哥德爾在孤獨與絕食中離世，享年 72 歲。他的去世令人痛惜，但他的思想遺產卻成為了後世無盡的靈感源泉。他的不完備性定理不僅改變了數學與科學的歷史進程，也讓人類認識到：追求真理的道路，

雖充滿矛盾與挑戰，但正是這些缺陷與未知，成為激發創新的動力。

哥德爾不完備性讓人類重新審視真理的性質與系統的局限性。正如霍金曾評價：「哥德爾不完備性讓我感到欣慰，因為它確保我們永遠都有事情可做。」這些未解的問題與挑戰，並非智慧的障礙，而是推動人類文明不斷向前的燃料。

透過哥德爾的故事，我們得以理解：缺點與不完美所揭示的不完備性，並非絕望的結局，而是創新與進化的起點。在邏輯與數學的世界中，「完備性」被認為是理性體系的終極目標。然而，哥德爾不完備性徹底顛覆了這一信念。他以深刻的哲學洞察告訴我們，完備性與自洽性之間存在無法逾越的矛盾，這種矛盾成為理解宇宙本質的重要入口。

哥德爾不完備性的哲學反思

哥德爾不完備性對傳統「因果論與絕對真理」的確定性觀念，提出了嚴厲質疑與挑戰，並帶來一系列哲學層面的啟發：

- **系統中的矛盾是不可避免的**：哥德爾的結論提醒我們，任何封閉系統內部都無法避免邏輯矛盾，這些矛盾不僅僅只是局限的標誌，而是創新的起點。在系統中尋找「矛盾缺口」，往往能為真理的突破提供契機。

- **有限性與無限性的對立**：不完備性突出了思想與其邏輯推理系統的有限性，是無法掌控無限真理的現實。宇宙中的真理具有無限性，而人類對真理的追求注定永無止境。

- **因果的確定性，其實是一種幻象**：哥德爾揭示了因果的確定性，僅僅只是一種表象，我們需要接受不確定性，作為理解宇宙的本質。在不確定性中尋求動態平衡，而非執著於靜態的完美系統，才是智慧進化的關鍵。

哥德爾不完備性揭示了「不完美是創新的矛盾缺口」的重要性，這

並非僅僅只是揭示系統的局限性，更是強調這些局限性如何成為創新的起點。以下是「矛盾缺口」推動創新的關鍵：

- **矛盾作為突破口**：哥德爾不完備性中的「無法證明的命題」，為探索新規則與新理論提供了空間。例如，量子力學的誕生，正是由於經典物理無法解釋微觀世界的現象。

- **未知的吸引力**：每個系統都保留了一部分「未知」，這些未知吸引著思想的不斷突破。創新源於對未知領域的好奇與探索，正是這些「空白地帶」激發了人類的進步。 譬如，垃圾 DNA 的空白：人類基因組中，僅有約 1.5% 的序列編碼蛋白質，其餘空白被稱為「垃圾 DNA」。然而，隨著研究深入，科學家發現這些非編碼區域在基因調控、染色體結構維持等方面扮演重要角色。這些曾被忽視的「空白」啟發了基因調控機制的新理解，推動了基因治療和生物技術的創新。 又如，暗能量與暗物質的探索：宇宙中約 95% 的組成是暗能量和暗物質，無法直接觀測，其性質仍是謎團。這些未知驅使科學家提出新理論，設計實驗以揭示其本質。例如，暗能量被認為是導致宇宙加速膨脹的原因，對其研究可能改變我們對宇宙命運的理解。

- **任何系統都無法完全自洽**：說明任何系統或個體的思想，也必然存在矛盾之處。當遇到無法解決的問題時，其答案往往隱藏於更高維度的真理之中。正是這種無法自洽的特性，成為創新與進化的源泉，推動科學與哲學不斷突破與前行。

哥德爾不完備性的精髓在於，它讓我們理解智慧並非來自於完美，而是源於對不完美的承認、接納與利用：

- **矛盾中的整合**：創新來自於對看似矛盾的兩極進行整合，從而創造出新的框架。例如，量子糾纏挑戰了傳統因果論，卻為量子計算與資訊科學奠定了基礎。

- **局限推動進化**：每當一個系統的局限邊界顯現，智慧的進化便隨之啟動。人類的每一次知識突破，都是從接受局限並進一步超越開始的。

接納、擁抱未知與不完美，創造未來

哥德爾不完備性揭示了系統的局限性，但同時也指出，這些局限如何成為創新的源泉。哲學上，它提醒我們真理永遠是相對的、無限的、動態的；科學上，它為新理論與新技術的誕生提供了方向；智慧上，它告訴我們矛盾與不確定性是生命進化與人類進步的核心動力。

更重要的是，哥德爾不完備性為直覺主義（智慧湧現）的回歸奠定了基礎。它讓科學家認識到，邏輯推理與因果思考的理性主義，雖然是探索真理的重要工具，但僅依賴理性，不足以解決所有問題。我們需要轉向結合經驗與直覺的思維方式，在矛盾與局限之中，不斷的跟外在環境與無常挑戰互動，通過智慧湧現的創新，打破舊有框架，開創全新視角。

不完備性並非絕望的終點，而是充滿希望的起點。它鼓勵我們承認並擁抱系統中的矛盾與未知，從而不斷超越自身的局限，推動智慧的進化與未來的創新。在後續章節中，我們將進一步探討這些創新的矛盾缺口，如何在其他領域推動人類智慧的湧現，並為未來的設計提供指引。透過這一旅程，我們將逐步構建一個更加完整且具有未來導向的智慧圖景。

西方哲學的黑格爾辯證法

19 世紀的歐洲處於動盪與變革之中，政治革命和工業化浪潮深刻影響著人類的思想。正是在這樣的背景下，黑格爾提出了一個顛覆性的觀點：矛盾並非阻礙，而是推動進步的動力。這一思想成為辯證法的核心，重新定義了哲學對宇宙、歷史和精神的理解。

黑格爾的「正反合辯證法」告訴我們，宇宙和人類的歷史並非靜態，而是一個動態演化的過程。在這個過程中，矛盾、對立與統一構成了進步的邏輯。這種方法不僅影響了哲學，還為我們理解自然、社會和心靈的運動提供了深刻的啟示。

在黑格爾的思想中，矛盾與對立不僅是運動與進步的基石，更是一個開放式思想與制度的必要條件。正是這些矛盾與對立的存在，讓事物能夠不斷打破舊有框架，邁向更高維度的統一：

- **反對聲音**：多樣化的觀點與批評，構成了一個健康社會的基礎，激發了更高維度的思考與辯論。
- **競爭與衝突**：無論在經濟還是科學領域，競爭推動了創新，而衝突則揭示了舊體系的局限性。
- **挑戰與威脅**：外部的挑戰與威脅，促使系統不斷自我調整與進化。例如，生態危機逼迫人類重新審視可持續發展的價值。
- **敵對與對立**：敵對的存在不僅體現了矛盾的深度，也成為尋求共識與超越的動力。

除此之外，還有許多形式體現矛盾與對立的重要性，例如：

- **文化交融與對抗**：在全球化的進程中，文化之間的碰撞既帶來了

挑戰，也打破了文化單一性可能導致的「近親繁殖效應」，這種效應會削弱創新與活力。相反，文化的交融與對抗不僅激發了多元化的對話，還促進了新文化形式的誕生，為全球文明注入了新的生命力與創造力。

- **技術創新與倫理爭議**：新技術的誕生往往伴隨著倫理問題，但這些爭議反而推動了技術發展的平衡與調整。
- **學術爭論與理論突破**：科學史上無數次的重大突破，都源於不同學派之間的激烈爭論，例如量子力學的誕生，正是因為經典物理學的局限性被批判與否定。

黑格爾的辯證法強調，矛盾與對立並非社會或系統的弱點，而是推動其發展的核心機制。維護這種矛盾與對立的民主、自由與開放的思想，正是保證進步與創新的必要條件。

在黑格爾晚年的教學生涯中，有一次他為了讓學生更直觀的理解辯證法的核心，舉起了一杯葡萄酒，展開了以下的哲學比喻：

- **正（肯定）**：葡萄在自然狀態下完好無缺，代表事物的原始狀態，純粹而簡單。
- **反（否定）**：葡萄經過壓榨與發酵，變成了完全不同的形態——葡萄汁，原始的葡萄被否定。
- **合（否定之否定）**：葡萄汁進一步經過釀造，最終成為葡萄酒，這是一種更高維度的形態，既保留了葡萄的精髓，又實現了質的提升。

黑格爾舉著葡萄酒，意味深長的告訴學生：「正反合辯證法就像釀酒，唯有經歷破壞與重塑，事物才能達到更高的統一。」這個故事生動的闡釋了黑格爾辯證法的三階段邏輯，也體現了他對宇宙與生命本質的深刻洞察。

在黑格爾的哲學講授中，他也經常用自然界的例子來闡釋辯證法的核心，其中植物的成長過程是一個經典的比喻，與葡萄酒的釀造相輔相成。黑格爾認為，植物的演化過程是對「正 —— 反 —— 合」三階段邏輯的生動展示。

- **正（肯定）—— 種子的潛在力量**：種子是生命的初始狀態，內含著完整的生命潛能，但這種潛能尚未顯現，處於純粹與潛伏的狀態。

- **反（否定）—— 種子的破壞與生長**：當種子埋入土壤中時，它必須破壞自身的完整性，裂開並釋放出內部的能量。這一否定過程看似毀滅，實則是生長的開始。

- **合（否定之否定）—— 植物的綻放**：種子破裂後，生長出幼苗，最終發展為開花結果的成熟植物。這一過程既保留了種子的精髓，又在更高維度上實現了生命的全面展現。

黑格爾用植物的成長來強調，破壞與創造是同一過程的兩個面向。種子的否定並非真正的消失，而是生命進化的必經之路。只有經歷這樣的辯證運動，事物才能實現更高維度的統一與提升。

他意味深長的指出：「生命的運動在於否定之否定，就如同種子裂開，才得以將潛能轉化為具體的形態。」這段比喻進一步展現了辯證法的核心：矛盾是進步的根源，對立是統一的基礎。

在印度文明中，濕婆神是印度教三大主神之一，以其毀滅與重生的雙重角色而聞名。這一形象不僅體現了印度教宇宙觀中的深刻哲學內涵，也與黑格爾的辯證法形成了有趣的呼應：

- **毀滅（反）—— 終結舊有的形態**：濕婆神象徵著宇宙中毀滅的力量，將腐朽與阻礙進步的事物徹底摧毀。他手持的三叉戟和毀滅之舞「坦達瓦舞」展現了這種破壞的能量。這與辯證法的「否定」

階段相契合，指出破壞並非純粹的終結，而是為新生創造條件。

- **重生（合）—— 創造新生命的起點**：在濕婆的毀滅之後，新的事物得以誕生。濕婆神的毀滅被視為一種淨化，為宇宙的更新提供了必要的空間，這正是「否定之否定」的辯證過程——從舊有形態的終結中實現質的提升。
- **動態的宇宙平衡**：濕婆神並非單純的毀滅者，而是宇宙平衡的維護者。他的角色與梵天（創造者）和毗濕奴（維護者）形成了一個平衡的三元結構，完美詮釋了對立力量如何在更高維度上實現統一。

濕婆神的形象生動展現了黑格爾辯證法的核心邏輯：毀滅與重生是一體的兩面，對立並非終點，而是通向更高維度統一的橋樑。黑格爾可能未曾接觸到印度教的神話，但這種跨文化的哲學共鳴強調了矛盾在宇宙運動中的普遍性。

濕婆神的故事為我們提供了一個富有象徵性的視角，說明矛盾與對立如何推動進步，並且提醒我們，在破壞之中孕育著無限的可能性。

辯證法的三階段邏輯

黑格爾的辯證法以三階段的運動邏輯著稱，分別是「正」（肯定）、「反」（否定）和「合」（否定之否定）。這一邏輯揭示了事物內在矛盾如何推動變化，並通過對立的解決達成更高維度的統一。

第一階段：正（肯定），事物的初始狀態

辯證運動的起點是事物的當前狀態，這是事物在某一時刻穩定存在的形式。此時的事物看似完整，但其內部隱藏著矛盾的種子：

- **自然界中的例子**：古典物理學以牛頓力學為基礎，描述了穩定而確定的世界觀。這一理論曾被認為是普遍真理，但在微觀世界中，

牛頓力學的局限性逐漸顯現。

- **心靈中的穩定狀態**：人的心靈在穩定期似乎無風無浪，但這種「平靜」往往隱含著對變化的渴望。穩定狀態只是表象，內在矛盾的熵增，會隨時間浮現。

第二階段：反（否定），內在矛盾的顯現

當初始狀態的內部矛盾逐漸明顯，穩定性被挑戰，進入否定的階段。這一階段的關鍵是破壞舊有結構，為新形態的誕生創造條件：

- **自然界中的例子**：量子力學的誕生便是對牛頓力學的否定。在微觀世界中，粒子的行為違反了經典物理學的規則，這一矛盾促使物理學家重新審視基本理論，進而創建了全新的科學框架。

- **歷史中的對抗**：中世紀的宗教權威與個體自由的矛盾，引發了宗教改革。這一否定階段不僅摧毀了舊的信仰體系，也推動了現代思想的誕生。

- **心靈中的矛盾**：當人面臨內心的焦慮與困惑時，舊有的認知模式開始動搖，這種否定是心靈成長的契機。例如，挫折感往往激發人重新審視自我，尋求突破。

第三階段：合（否定之否定），更高維度的統一

在矛盾的對立中，事物經過否定與重組，達成新的統一。這一階段的特點是既保留舊有形式的精髓，又在新的維度上實現質的飛躍：

- **自然界中的例子**：愛因斯坦的相對論綜合了牛頓力學與量子理論的某些觀點，提供了一個更廣泛的理論框架。這一新形態不僅解釋了經典物理學無法處理的現象，也為未來的科學探索奠定了基礎。

- **歷史中的統一**：在啟蒙運動之後，民主制度將個體自由的利己主

義與群體治理的利他主義巧妙結合，創造出一種全新的社會形態。這不僅是對封建專制的深刻否定，也是在新的價值基礎上重新定義了個體自由的意義，為現代社會奠定了制度框架與精神內核。

- **心靈中的成長**：透過否定舊有的思維模式，心靈在矛盾中實現了超越因果。例如，經歷挫折後獲得的頓悟，往往能讓人達到新的自我認知，實現內在的提升。在這個過程中，心靈進入一種被稱為「心流」的狀態——全神貫注於當下挑戰，思想和行動完美協調，時間感模糊，內在滿足感湧現。這種心流的體驗不僅有助於克服矛盾，還能讓人將痛苦轉化為智慧，進一步推動心靈的成長與進化。

黑格爾的三階段邏輯揭示了矛盾在事物運動中的核心作用。從初始狀態的穩定（正），到矛盾的顯現與否定（反），再到更高維度的統一（合），這一過程構成了事物進化的基本邏輯。這種運動不僅是線性的，更是一個不斷升級的螺旋過程，為自然、歷史與智慧的發展提供了深刻的哲學解釋。

自然界、歷史進程與人類智慧的辯證探索

黑格爾的辯證法不僅是哲學思維的工具，更是一種普遍適用於自然、歷史和智慧領域的邏輯框架。矛盾與對立存在於一切運動與變化之中，通過辯證的過程，它們得以推動進步並達成更高維度的統一。以下將探討辯證法在三個層面的具體應用——自然界、歷史進程和人類智慧：

自然界中的辯證運動——在自然界中，黑格爾的辯證法幫助我們理解基本運動規律和結構的形成：

- **波粒二元性，對立的統一**：量子力學中的波粒二元性，展現了辯證法的核心思想。光既是波又是粒子，這種看似矛盾的性質，在量子力學框架中得到了統一。這一現象揭示了自然界底層邏輯中的對立共存與相互補充。

- **對稱性與破缺，宇宙的形成**：宇宙的結構源於基本物理法則中的對稱性，但對稱性的破缺則創造了多樣性。例如，希格斯機制解釋了質量的來源，這一過程體現了對稱與非對稱之間的動態平衡，展示了自然界的辯證運動。

- **生命的演化，矛盾的動力**：生命的起源與進化是一個典型的辯證過程。自然選擇揭示了生物個體與環境的矛盾，是如何推動物種適應與多樣性形成。生命系統在無序與有序、穩定與變化之間尋找平衡，展現了辯證法的動態特性。

歷史進程中的辯證邏輯 —— 黑格爾認為，人類歷史是一部充滿矛盾與統一的進化史，每個歷史階段都包含對立與解決的運動：

- **古代、中世紀與現代的對立與統一**：1. 古代的利他主義（正）—— 社會以秩序與整體為核心，個體自由被壓抑；2. 中世紀的利己主義的反抗（反）—— 利他的宗教權威與利己的個體自由，兩者之間的矛盾，引發了思想解放的浪潮，例如宗教改革；3. 現代（合）—— 個體自由與群體治理的相結合，通過民主制度與法治實現了更高維度的社會形態。

- **革命與進步的動力**：每一次重大革命都源於內部矛盾的爆發。法國大革命推翻了舊制度，透過自由與平等的理念創造了新社會結構。這一過程體現了辯證法中的「否定之否定」邏輯。

- **全球化與本地化的矛盾**：當代世界的全球化進程展示了經濟一體化與文化多樣性的矛盾。這一對立激發了新的社會模式，試圖在尊重本地文化的基礎上推動全球合作。

人類智慧的辯證進化 —— 智慧的成長本質上是一個辯證過程，通過矛盾與對立的解決，實現更高維度的認知與創造：

- **心靈的穩定與混亂**：心靈的成長需要面對內在矛盾。例如，焦慮

與挫折常常動搖舊有的思維模式，迫使人們重新審視自我，最終通過整合矛盾達到新的內在平衡。

- **智慧湧現的辯證邏輯**：智慧不是靜態的，而是動態生成的。每一次認知的突破，都是舊有模式的否定與新框架的誕生。例如，人工智慧的發展就是在計算機科學的局限中誕生的新智慧型態。
- **不完備性與創新契機**：哥德爾不完備性指出系統的局限性，但這種局限性也為創新提供了可能性。人類智慧的進化本質上是一個在不完備中尋求突破的過程。

黑格爾的辯證法，展示了矛盾與對立在自然界、歷史和人類智慧中的普遍存在與作用。這些矛盾不是靜態的，而是推動變化與進步的核心動力。透過「正——反——合」的邏輯，事物從初始狀態的穩定，經過矛盾的否定，達到更高維度的統一。

黑格爾的辯證法不僅是一個哲學理論，更是一個實用的工具，用於理解當前世界的動態與挑戰。在當代，矛盾和對立的特徵比以往任何時候都更為顯著，辯證法為我們提供了一個獨特的視角，來分析和應對以下這些挑戰：

全球化與本地化的矛盾——在全球化的浪潮中，經濟、技術和文化的相互聯繫越來越緊密，但同時也產生了深刻的文化與經濟矛盾：

- **經濟的不平等**：全球化促進了資本的集中，但也加劇了發達國家與發展中國家之間的經濟差距。這種矛盾要求我們在全球協作與本地經濟保護之間尋找平衡。
- **文化多樣性與統一性**：全球化一方面促進了文化交流，另一方面這種多樣性也威脅了本地文化。例如，國際化的消費文化可能削弱本地傳統，但辯證法強調，這種對立可以透過文化融合與創新實現新的統一。

技術進步與倫理挑戰 ── 人工智慧、基因編輯和量子技術的迅速發展，帶來了前所未有的機遇，但也引發了巨大的倫理挑戰：

- **AI 與人類智慧的對立**：人工智慧的崛起挑戰了人類的認知優勢，但也促進了人機協作的可能性。辯證法幫助我們認識到，只有在技術能力與人類價值觀之間找到平衡，才能實現真正的智慧湧現。

- **基因技術的兩面性**：基因編輯技術帶來了治療遺傳病的希望，但也引發了「設計嬰兒」的倫理爭議。這種對立提醒我們，技術發展需要在倫理框架內運行，辯證法提供了一個平衡進步與風險的思維模式。

氣候變化與可持續發展 ── 氣候變化是當代最具挑戰性的全球議題之一，它反映了人類發展與自然環境之間的深層矛盾：

- **經濟發展與生態保護的對立**：經濟增長往往以自然資源的過度消耗為代價，這種對立激發了可持續發展的需求。辯證法強調，對立中的平衡可以通過創新技術與綠色政策來實現。

- **全球合作與本地行動的互補**：氣候變化的解決需要全球性的協作，但也離不開本地化的行動。辯證法的框架提醒我們，統一的目標需要在地方層面的多樣性中找到支撐。

黑格爾的辯證法為當代挑戰提供了一個動態的解決思路。在面對全球化、技術進步與氣候變化等矛盾時，辯證法提醒我們，矛盾並非問題的終點，而是創新的起點。通過在對立中尋求平衡，我們可以為人類社會找到新的方向，推動文明進入更高維度的統一。

此外，黑格爾的辯證法不僅是一種思維方式，更是一種哲學框架，揭示了矛盾、對立與統一在自然界、人類歷史和智慧湧現中的核心作用。它強調，變化與進步並非來源於舒適圈的單純穩定與內心平靜，而是來自於矛盾之間的相互作用與解決：

矛盾推動進步的核心邏輯──辯證法揭示了矛盾是運動的本質，對立的力量是推動變化與進步的核心動力。自然界的對稱性與破缺，歷史中的革命與改革，智慧中的創新與突破，無一不體現這一邏輯：

- **自然界中的哲學啟示**：從波粒二元性到熵增原理，矛盾與統一的辯證邏輯幫助我們更深刻的理解宇宙的運行規律。
- **人類智慧中的邏輯演進**：智慧的湧現不是靜態的過程，而是透過對矛盾的接受與超越，在對立中尋找平衡，從而實現更高維度的自我提升。

辯證法的當代實踐價值──黑格爾的辯證法並非僅僅屬於哲學領域，它在解決當代世界的複雜問題中同樣具有實用價值：

- **應對不確定性**：當代社會充滿動態、不確定性與矛盾，辯證法為我們提供了一個接受不完美並在不確定性中尋找機會的框架。
- **促進創新與合作**：辯證法鼓勵我們在對立中尋找統一，將不同領域、觀點與文化進行整合，推動跨學科合作與創新發展。

對未來的啟示──辯證法強調「正──反──合」的邏輯進程，這種運動並非一個靜態的終點，而是一個螺旋式的上升過程。每一次矛盾的解決都為下一次的進化奠定基礎：

- **智慧系統的進化**：辯證法提供了設計人工智慧與智慧系統的理論框架，幫助我們在技術發展與倫理挑戰之間找到平衡。
- **未來社會的設計**：面對全球化、氣候變化和技術革命，辯證法鼓勵我們在矛盾中尋求動態平衡，推動人類文明向更高維度發展。

黑格爾辯證法的哲學意義在於提醒我們，世界的本質是動態的，矛盾與對立不是問題的終結，而是創新的起點。通過接受不完美並在矛盾中尋求平衡，我們得以推動自然、歷史和智慧的不斷進化。在未來的探索中，黑格爾的辯證法將繼續為我們理解複雜系統、應對全球挑戰和設計智慧未來提供指引，成為通向更高維度統一的哲學工具。

我們是活在「熵」的世界裡

1943 年，正值第二次世界大戰期間，兩位偉大的科學家 —— 資訊論之父克勞德・艾爾伍德・香農（Claude Elwood Shannon）與人工智慧之父阿蘭・圖靈（Alan Turing），經常在貝爾實驗室的餐廳共進午餐。這兩位天才的對話，核心話題始終圍繞著邏輯與數學。五年後，32 歲的香農發表了劃時代的文章《通訊的數學理論》，標誌著「資訊論」的誕生，也被譽為「數位時代的藍圖」。

香農的資訊論將「資訊」與「不確定性」聯繫起來，並提出了關鍵概念 —— 資訊熵。在此理論中，「熵」代表了一個系統中的不確定性或混亂程度，而「資訊熵」則反映了減少這種不確定性，所需資訊量的多少。香農的理論為現代計算機、網絡通信和人工智慧的發展奠定了基石，並對量子計算、神經生物學、生態學等領域產生了深遠影響。

熵增與負熵的宇宙法則

在熱力學中，熵的增加是一種不可逆的過程，代表著封閉系統中從有序走向無序的趨勢。這就是為什麼我們常說「時間不可逆」，因為熱力學第二定律揭示了熵增的必然性：能量總是從高效狀態流向低效狀態，最終進入死寂。然而，香農的資訊熵為這一物理法則帶來了全新的視角 —— 熵增的世界裡，生命是「負熵」的奇蹟。

生命的存在本身就是對抗熵增的一種表現。當我們學習、創造、記憶，或者解決問題時，就是一種從無序到有序、從不確定性到確定性的過程。在這個過程中，生命通過攝取外部能量（如食物）來支撐內部的有序性，而每一次的負熵行為，都會導致宇宙的熵總量增加。例如，我們記住一個英文單字的過程，實際上是內部資訊熵的減少，而外部環境熵的增加。

資訊與熵的永恆戰爭

宇宙自大爆炸以來，能量總量保持不變，但熵的增加卻是不可逆的。完整的玻璃杯破碎後無法自然恢復，這種混亂的過程是時間的標誌。然而，生命的存在打破了這一趨勢，透過負熵行為創造了資訊、智慧和文明。

這場環境熵增與資訊熵減的對抗，促成了人類文明的進步。無論是學術研究、文化創作，還是技術創新，都是逆熵行為的體現。香農的資訊論指出，資訊的累積與處理能力決定了人類對抗無序的程度。從學習知識到經濟增長，從多樣化的文化到科技的突破，人類一直在以資訊的增長對抗熵的不可逆性。

智慧湧現：熵值為0的平衡

在熵增的宇宙中，智慧的湧現被視為熵值達到臨時平衡的一種現象。當資訊熵減少到極限時，我們能夠短暫的感受到一種內外有序的和諧狀態，這或許就是智慧的最高體現。人類通過不斷學習與創造，從混亂中找到秩序，從不確定中提煉出智慧，正是環境熵與資訊熵之間的對抗所帶來的結果。

熵增世界中的逆熵之路

正如香農所揭示的，資訊是熵增世界中的秩序之光。宇宙的演化與人類的進步，都是在熵與負熵的交織中實現的。當我們學會利用資訊熵減少不確定性，便能在熵增的世界中，開創出屬於我們的秩序與智慧。這既是宇宙設計的原理，也是人類追求真理與意義的永恆旅程。

活在熵的世界

我們活在一個由「熵」主宰的世界。外在世界遵循熵增法則，朝向無序與混亂；而內在世界則透過負熵行為，如學習、創造和成長，維持

有序性與穩定。薛定鄂指出，生命的本質是消耗能量來對抗熵增，創造秩序。人生的旅程可以視為一場逆熵的努力，從混亂中提煉智慧，最終在智慧湧現的瞬間，達到熵值為零的完美平衡狀態。

外在世界：熵增的必然性

宇宙的基本法則之一是熱力學第二定律：封閉系統中的熵總是增加，能量不可避免的從有序走向無序，從穩定走向混亂。這一法則決定了外在世界的基本走向——熵增的過程無法被逆轉。自然界的演化、社會的變遷，甚至宇宙的擴張，都可以被視為熵增現象的體現。

熵增不僅是一種物理現象，也是對時間單向性和生命短暫性的哲學隱喻。在這個不斷向混亂邁進的世界中，人類的存在顯得尤為獨特：我們試圖在無序中建立秩序，在熵增中尋找意義。

內在世界：負熵與生命的特質

生命之所以為生命，是因為它能夠抵抗熵增，創造局部的有序性。這一過程被稱為負熵（negative entropy）。例如，生物體通過攝取能量和物質，維持自身結構的穩定；人類則通過學習、創造和成長，構建精神世界的有序性。

負熵的特質表現在生命對秩序的追求與創造：

- 生物層面：基因的複製、細胞的新陳代謝，是負熵的具體行為。
- 精神層面：思想、知識、文化的傳承，是人類超越物質界的負熵表現。
- 哲學層面：人類試圖在無窮的熵增過程中，探索超越性和永恆的智慧。

薛定鄂提出的「生命以負熵為食」，道出了生命本質的哲學含義：我們的存在，就是透過對抗熵增，讓世界變得更加有序與豐富。

人生：一場逆熵的旅程

從出生的那一刻起，人生就如同一場與熵增抗衡的旅程。我們在學習中減少無知（熵值下降），在實踐中創造價值（逆熵行動），在人際關係中增強連結（對抗孤立無序）。每一次困難的克服、每一次智慧的突破，都是一場局部的逆熵行為。

逆熵的本質，不是消滅環境熵增，而是學會與之共存並找到平衡。在這個過程中，人類的努力不僅是為了生存，也是為了在混亂的世界中創造秩序和意義。

智慧湧現：熵值為0的瞬間

當人類超越了個體的經驗與知識，進入「智慧湧現」的狀態時，便抵達了一種熵值為 0 的境界 —— 這是一種完美的平衡。智慧的湧現是對內外世界的完美協調：

- 內在秩序的達成（精神世界的和諧）。
- 外在秩序的創造（與外界達成平衡）。

這種狀態類似於物理中的「絕對零度」，一種理想化的無熵狀態，雖然短暫但充滿啟發性。這正是人類智慧與宇宙本質短暫交匯的瞬間。

從熵到智慧的進化

我們生於熵增的宇宙，卻透過負熵行為展現生命的奇蹟；我們的生命是一場逆熵的旅程，最終追尋熵值為 0 的智慧湧現狀態。熵增推動了人類面對挑戰並不斷進化，而逆熵行動則是人類賦予自己與世界價值與意義的方式。在這場無止境的宇宙遊戲中，智慧湧現成為我們進化的最高目標，也是熵與逆熵之間的最完美平衡。

負熵的多重意義

資訊熵（Information Entropy）：負熵是與資訊理論相關的概念，由香農提出，用以描述系統中資訊的有序性。當一個系統的資訊量越大，無序性越低，負熵的特性便越明顯。這體現了生命透過學習和溝通來減少不確定性的能力。

精神熵（Psychological Entropy）：在心理學與哲學的範疇中，負熵也可以用來描述精神世界的有序性。當人類通過內在的思考、學習和冥想，實現心靈的平衡與和諧時，便是一種精神層面的負熵過程。這意味著個體透過克服內心的混亂與矛盾，逐步達成精神上的穩定與提升。

熵增的近親繁殖與其多領域影響：生物學、人工智慧、思想、文化與文明

近親繁殖這一概念，不僅存在於生物學中，還廣泛的適用於人工智慧（AI）、思想、文化、文明以及熵增相關的哲學視角。以下是詳細分析，展示其在不同領域中的意義及影響。

生物學中的近親繁殖

- **定義**：生物學中的近親繁殖指的是基因相似的個體之間進行繁殖，導致基因多樣性降低，可能出現遺傳性疾病或適應能力下降。
- **熵增的視角**：基因多樣性減少意味著系統狀態空間縮小，短期內局部秩序可能提高，但長期來看，系統的創新能力下降，最終熵增加速，導致物種的退化或崩潰。

人工智慧中的近親繁殖

- **數據與算法的單一性**：如果 AI 模型的訓練數據來源過於單一，或算法缺乏多樣性，就會導致模型的偏見與泛化能力不足，宛如「數據近親繁殖」。

- **思想閉環**：在人工智慧的開發和應用中，若系統只在封閉的環境中驗證自身，可能陷入重複強化錯誤的過程。
- **熵增的視角**：系統缺乏新的資訊輸入和創新，導致熵的累積。長期下去，AI 系統可能停滯或進一步退化。

思想與哲學中的近親繁殖

- **思想同質化**：當社會中的思想趨於單一化，例如極端主義或過度依賴單一信仰，就如同「思想領域的近親繁殖」，抑制了創新和多樣性的發展。
- **熵增的視角**：思想環境的封閉性導致創新力和批判性思維能力的喪失，使得思想體系逐漸僵化，最終走向崩潰。

文化中的近親繁殖

- **文化孤立**：一個文化長期封閉，缺乏與外界的互動，會陷入自我重複與停滯。這種現象可以在一些古代文明的衰落中找到例子。
- **熵增的視角**：文化系統缺乏新鮮的「輸入」，資訊流動的停滯增加了系統的無序性，導致文化內部的脆弱性上升，最終可能崩解。

文明中的近親繁殖

- **政治與社會系統的近親繁殖**：如果權力集中於少數家族或集團，社會缺乏公平競爭，創新空間減少，就容易陷入腐敗與停滯。例如某些封建王朝的內部崩潰。
- **技術與社會閉環**：當文明發展路徑過於單一，例如對某種技術的過度依賴或全球化同質化，也會抑制多樣性。
- **熵增的視角**：系統的脆弱性增加，當面對內外挑戰時，文明可能因缺乏彈性而迅速瓦解。

熵增的角度解析

- 近親繁殖在不同領域都是熵增的一種表現。短期看，封閉性似乎維持了局部的秩序，但從全局和長遠來看，這種封閉性降低了系統的複雜性與適應力，加速了無序化。
- 熵增的核心體現在缺乏新鮮輸入與多樣性，這種狀態阻礙了學習、創新和進化。

對抗近親繁殖的解決方案

- **多樣性與開放性**：在基因、數據、思想、文化和技術層面引入新的輸入，激發多樣性，對抗熵增。
- **跨領域合作**：透過不同領域之間的交流與合作，創造新的突破點，推動系統進化。
- **系統設計優化**：無論是 AI 系統還是社會系統，都需要引入動態調整的機制，避免局部最優解，帶來的整體退化。

近親繁殖的核心問題，在於「封閉性」和「缺乏新輸入」。這種現象不僅影響生物學，還涉及人工智慧、思想、文化和文明等多個領域。它在短期內可能帶來表面的秩序，但長期來看，卻加速了熵增和退化。

新人、新觀念和新技術等的引入，是打破這種封閉性的重要途徑。新人帶來了不同的背景、經驗和視角；新觀念為陳舊的模式注入了新的思維方式；新技術則為解決現有問題提供了全新的工具和方法。這些新輸入不僅能促進多樣性，還能激發創造力和創新，讓系統在動態中實現自我更新。

例如，在人工智慧的領域，引入新數據、新算法或跨學科的合作，能避免模型陷入局限的閉環；在文化與思想中，接納外來影響和不同的聲音，可以打破僵化的框架，促進更大的社會活力。

透過多樣性、開放性與納入新血輪,我們可以有效對抗近親繁殖的負面影響,促進系統的長期健康與可持續發展。新人、新觀念和新技術,正是推動進化的核心力量,幫助我們不斷突破局限,探索未知的可能性。

一個可以量化與計算的「熵」世界

- **外在世界**:遵循熵增的必然性,展現出「成住壞空、生住異滅」的無常本質,挑戰著我們對秩序與穩定的追求。
- **內在世界**:生命的負熵過程,對抗這種混亂與無序,努力維持自我有序。
- **人生**:一場逆熵的學習與成長旅程,在不斷適應與創造中追尋意義與平衡。
- **智慧湧現**:一種熵值歸零的瞬間,以量子糾纏的「幽靈般超距作用」,超越混亂與秩序,觸及真理與永恆的本質。

天道的本質：智慧與金錢的能量轉換、知識與認知變現

你知道嗎？在我們每天忙碌的生活中，金錢和智慧其實扮演著一個你可能從未想過的重要角色。為什麼我們拚命賺錢？為什麼有些人總能找到解決問題的好辦法？背後其實隱藏著一個宇宙級的祕密：天道的本質，就是智慧與金錢的能量轉換，而推動這一切的，竟然是利己主義！

在天地間，有一條不可動搖的真理：唯有智慧，才能真正解決問題。無論是解決日常生活中的煩惱，還是應對人類社會面臨的重大挑戰，比如能源危機、氣候變化，智慧都是唯一能帶來突破的力量。

然而，智慧的成長並不是輕而易舉的，它需要經驗的積累、知識的更新和深度的思考。這是一條漫長而艱難的道路，充滿了挑戰與困難。許多人選擇逃避，因為這條路並不輕鬆。

那麼，假如我們拒絕提升智慧的維度，會發生什麼呢？答案很簡單——當問題無法解決，進化停滯，宇宙便會進入不可逆的熵增死寂狀態。這就像一個失控的遊戲，最終走向崩潰，徹底終結生命與秩序。這，便是我們所說的「遊戲結束」。但是否有辦法避免這樣的命運？答案就在智慧與金錢的能量轉換之中。

為什麼我們需要金錢？其實，金錢的價值不僅僅是滿足日常需求，它還是推動智慧提升的關鍵能量來源。

首先，金錢具有激勵作用。想像一下，如果沒有金錢作為智慧變現的載體與回報，人類將缺乏努力的動力。誰還會願意去挑戰困難、創造新知識？這就像一場沒有獎勵的遊戲，沒人願意參與。

更重要的是，金錢是一個流動的工具。它將智慧創造出的價值帶入

社會的運行系統中，讓每個人都能享受到智慧的成果。醫生的診療、工程師的設計，這些智慧的應用，最終通過金錢實現價值的傳遞。而金錢反過來又會反哺到新的智慧探索中，形成一個良性循環。

這正是天道的運行法則：智慧創造價值，金錢反哺智慧。金錢不僅支持智慧的探索，還推動人類進化，維持宇宙秩序的穩定。因此，金錢不是我們的終極目的，而是智慧提升的必要條件。當智慧與金錢相互作用時，宇宙才能保持平衡，生命才能不斷進化。這就是天道的本質：透過智慧與金錢的能量轉換，推動個體成長與文明進化。

知識變現、認知變現與智慧變現

我們剛剛提到，智慧是解決問題的關鍵，那麼智慧又是從哪裡來的呢？答案就在「知識與經驗的結合」。

知識，是智慧的原料。它就像是一棟大樓的基石，對世界的客觀理解越全面，智慧的潛在高度就越高。但光有知識是不夠的，因為知識只是靜態的積累。

這時，經驗的角色就變得至關重要了。經驗是知識的內化與應用，它能將抽象的理論變成具體的實踐。想像一下，你可能在書本上學到一個解決問題的方法，但只有在真實情境中應用它，才能發現它的不足並加以改進。

最關鍵的是，智慧並不是簡單的把知識和經驗加在一起，而是透過兩者的深度結合，進行反思和創新。這樣才能達到更高維度的理解，找到真正有效的解決方案。所以說，智慧是知識與經驗的化學反應，當我們不斷探索未知、不斷應用所學，智慧就會像燈塔一樣，指引我們前行。

但智慧並不是一個固定的概念，它其實有不同的維度，每一層維度都對我們的生活和社會運行至關重要。我們可以把智慧的變現分成三個維度：知識變現、認知變現和智慧變現。

首先是知識變現。這是最基礎的層次維度。當我們將理論知識轉化為實際應用，比如科學家將公式轉化為技術，企業家將市場洞察轉化為商業模式，這些都屬於知識變現。它為我們創造了大量實際價值。

接下來是認知變現。這一層次維度更加深入，它關注的是對知識的理解與應用。認知讓我們在複雜的情境中找到突破口，做出有效的戰略決策。例如，一位優秀的管理者，能用有限的資源實現最大的影響力，這就是認知變現的典型表現。

而最高層次維度則是智慧變現。智慧不僅超越了知識和認知，更能帶來突破性的創新和全局性的解決方案。像量子技術的發展、人工智慧的應用，這些改變世界的成果，就是智慧變現的體現。

從知識到認知，再到智慧，每一層維度都推動了我們的進步。而當我們站在智慧的高度上，我們不僅能看得更遠，也能為這個世界帶來更多的價值和可能性。

天道的本質：智慧與金錢的能量轉換

在天地間，這條至關重要的法則：智慧與金錢的能量轉換，它不僅支撐了人類社會的運行，更是維持宇宙秩序與推動進化的關鍵。

首先，我們來看宇宙的平衡法則。智慧是解決問題的唯一工具，而金錢則是智慧變現的媒介。兩者的互動形成了一個動態的正向循環。智慧創造價值，金錢作為回報支持智慧的進一步提升，最終推動整個人類社會的進化。

然而，這個循環的另一面是熵增的挑戰。宇宙的自然狀態是混亂的，如果智慧無法不斷提升，熵增將持續吞噬秩序，最終導致系統崩潰。但金錢在這裡扮演了一個至關重要的角色：它提供了智慧提升的動力來源，讓這個循環不斷向前。

最後，我們來看進化的方向。天道指引我們，通過智慧與金錢的相互作用，從知識的積累到智慧的綻放，最終實現更高維度的文明。這不僅僅是個體的成長之路，也是整個人類社會的進化目標。因此，天道的本質，就是智慧與金錢的能量轉換。它讓我們在解決問題的同時，不斷推動自身與世界的進步。當我們真正理解這一點，我們就能更好的把握自己的方向，為這個世界創造更多的價值。

信用價值與利他主義的慘劇

接著，我們還要來談談「信用價值」，因為它是智慧與金錢運作的隱形基石。你可能沒注意到，但信用其實無處不在，它支撐了整個社會的運行。

什麼是信用？簡單來說，信用就是對未來價值的信任。比如，你相信銀行能保管你的存款，或者相信某家公司會履行它的承諾，這就是信用。金錢的價值，並不是因為它是紙幣或數字，而是因為我們相信它能兌現某種未來的需求。

信用價值如何影響智慧與金錢？當一個人或一個系統擁有強大的信用，就能吸引資源，推動智慧的創造。例如，科研機構依賴於資助方的信任，才能獲得經費進行創新。而那些智慧創造出來的成果，會進一步強化信用，形成良性循環。

但是，當信用體系失衡時，問題就會出現。比如，金融危機的本質就是信用的崩塌，因為系統內的智慧價值未能真正支撐金錢的運作，最終導致信任的瓦解。所以，信用不是虛無的，它是智慧與金錢之間的橋樑。當信用穩固時，智慧能被充分發揮，金錢能順暢流動。而當信用崩塌時，整個系統就會陷入停滯。

另外，我們再談談一個容易被誤解的觀念——利他主義。歷史上，無數利他主義的嘗試，無論是基於道德還是理想，最終都以悲劇收場。

這是為什麼呢？

我們先來看天道的本質。天道是利己主義，這不是一種道德評判，而是宇宙運行的規律。利己主義並不意味著自私，而是每個人通過解決自己的問題，推動智慧的提升和創新。當每個人都專注於自身的成長與價值創造，整個系統才能實現真正的進化。

但是，利他主義的核心，往往強調個體為了集體利益而犧牲自己，甚至放棄智慧與金錢的能量轉換規律。這樣的模式，看似崇高，卻違背了天道。歷史上有太多這樣的例子：

- **極端的烏托邦實驗**：試圖消除個體需求，強調無私奉獻，結果導致生產力下降、資源耗竭，社會最終崩潰。如 19 世紀的 New Harmony 社區、蘇聯早期的共產主義實驗（1917–1921）

- **極權政體**：以「犧牲小我，完成大我」為口號，壓制個體智慧，讓創新停滯，結果陷入無盡的內耗。如朝鮮政權的極端集體主義政策、古代君主專制下的集權統治

- **邪教組織**：打著利他的幌子，實際上是對個體智慧和資源的掠奪，最終帶來慘烈的集體災難。人民聖殿教（Jonestown, 1978）、奧姆真理教（Aum Shinrikyo，1995）

為什麼這些利他主義的嘗試會失敗？原因很簡單，它們忽視了激勵創新的重要性，違背了天道的規律。沒有利己的驅動力，就無法激發個體的潛力，智慧的提升也就無從談起。天道告訴我們，利己主義才是激勵創新的核心。當每個人愛自己、專注做自己與努力解決自己的問題，追求自己的價值，整個系統的智慧水平就會提升，金錢的流動和信用的穩定也會隨之加強。

所以，我們需要正視這一點：犧牲小我完成大我，看似高尚，但實際上是對天道的誤解。真正的進化，來自於利己主義所激發的智慧創新

和價值創造。

當我們看到，智慧是解決問題的唯一工具，金錢是智慧變現的媒介，信用則是支撐這一切的穩定基石。當這些元素協同運作時，天道就能維持平衡，宇宙秩序也能得以延續。

反之，當這些規律被忽視，結果往往是悲劇性的。歷史上無數極端的利他主義實驗告訴我們，沒有激勵的創新，沒有個體價值的釋放，系統將陷入停滯甚至崩潰。這正是違背天道的代價。

那麼，這對我們的生活又意味著什麼呢？其實很簡單：

- **專注提升智慧**：智慧是你解決所有問題的起點，讓自己不斷學習、深思和實踐，智慧的提升就是價值的提升。
- **善用金錢激勵**：金錢是推動智慧變現的能量，它不僅是工具，更是讓你努力的動力。學會讓金錢為智慧服務，而不是被金錢支配。
- **建立與維護信用**：信用是你在這個世界上的名片，它為你爭取更多的資源和機會。信守承諾、創造價值，你的信用就會隨之增強。

智慧維度的高低：決定你的價值

智慧的維度高低，不僅影響你解決問題的能力，更決定了你在社會中的價值。你的智慧價值，結合你的信用價值，最終決定了你的金錢回報多寡。這是天道運行的一部分，也是宇宙平衡的基石：

- **智慧價值**：智慧是解決問題的能力，智慧的高度與廣度越高，你能創造的價值就越大。這是金錢回報的基礎。
- **信用價值**：信用是社會對你智慧與能力的信任度。你的信用越高，資源的流入就越多，進一步提升你的金錢回報。

當智慧與信用形成正向循環，金錢回報將不斷提高，這既是個人價值的體現，也是推動社會進步的重要力量，譬如：

醫生的智慧與信用：一位醫生的智慧價值體現在解決病患健康問題的能力。當他具備高超的醫學技能（智慧價值）並建立起患者的信任（信用價值）時，這兩者結合將帶來更高的金錢回報。同樣的醫療服務，信任度更高的醫生會吸引更多病人，獲得更穩定的收入。

企業家的智慧與信用：一位成功的企業家，憑藉其智慧設計創新的產品或服務（智慧價值），並透過良好的品牌形象與市場口碑（信用價值），贏得投資者與消費者的支持，最終獲得高額的金錢回報。例如，科技巨頭如埃隆·馬斯克（Elon Musk），其智慧體現在解決可持續能源、太空探索等複雜問題的能力，而信用則來自於市場對他執行力與願景的信任。

自由職業者的智慧與信用：一位設計師或作家，通過獨特的創意與高效解決客戶需求（智慧價值），並建立穩定的客戶信任（信用價值），能夠吸引更多合作機會並獲得更高的報酬。

天道的啟示：愛自己，成就世界

最終，天道告訴我們：當每個人專注愛自己，接納不完美的自己，專注做自己並努力解決自己的問題，追求自己的價值時，整個社會的福祉便會隨之提升。這並不意味著自私，而是從利己出發，激發每個人的潛力，進一步增進社會的和諧與繁榮。當個體專注於自身的成長，專注於提升智慧與價值，整個系統就會進化，推動文明往更高的維度邁進。

天道的核心在於平衡與轉換——智慧創造價值，信用支撐流動，金錢促進提升。當我們真正理解並遵循這條規律，不僅能改變自己的生活，也能推動整個文明走向更光明的未來。

精神熵增與不完備的對稱：
心靈平靜與自由的動態平衡

為了過上自己想要的生活，你必須勇敢放棄一些東西。

這個世界本就沒有絕對的公平，你也無法擁有完美的兩全之策。

若選擇自由，就要準備犧牲一部分的安全感；
若選擇悠然閒適，就無需過於在意他人眼中的成就；
若追求內心的愉悅，就別讓他人的態度成為束縛；
而若渴望前行，就必須告別當下的安逸與停滯。

人生從來都是取捨之間的平衡。
放棄不是失去，而是為了擁抱更符合內心的選擇，
為了成就真正屬於自己的自由與方向。

人類的內心總是在兩個極端之間徘徊：對心靈平靜的追求和對心靈自由的渴望。平靜讓我們感到安全，彷彿與世界和解，舒適的停留在熟悉的範疇之內；而自由則驅使我們突破心靈的邊界，迎接未知的挑戰。平靜是內心的避風港，自由則是追尋無限可能的遠征。這兩者看似對立，卻共同構成了心靈運動的核心矛盾，推動著人類在平衡與突破之間不斷成長與超越。

當內心達到完全平靜時，精神熵增的「無常法則」便悄然開始運行。表面的平靜雖然看似理想，但在靜止的深處，精神熵增帶來的無序與混亂開始悄悄累積。這種混亂並非終點，而是內心重新運動的起點。無常的熵增力量推動著我們遠離平靜的舒適區，將我們帶入更高維度的內心波動與變革之中，迫使我們突破舊有的邊界，追求一種更高維度的心靈自由。這種自由不僅是對混亂的超越，更是一種內在秩序的重構與智慧的湧現。

然而，自由的追求並非毫無代價。它往往伴隨著焦慮、不安和不確定性，這些感受與對平靜的渴望形成鮮明對比。自由的挑戰迫使我們直面心靈邊界外的未知，勇敢探索新的可能性；而平靜則以熟悉的舒適區域誘惑我們停留，讓人渴望回歸一種看似安全的狀態。我們被迫在自由與平靜之間不斷尋找平衡，而這種動態的對立運動正是心靈成長的基本邏輯。

譬如，工作與不工作的矛盾，也體現了這種對立的張力。工作帶來了成就感與自我價值的實現，但同時伴隨著壓力與疲憊。而不工作則提供了舒適與放鬆，卻可能引發空虛和失去方向的感受。在這兩者之間，我們不得不找到一個動態的平衡點，既能追求自由，又不至於迷失方向。

這種矛盾的存在並非問題，而是成長的契機。它提醒我們，心靈的成熟並不是選擇其中之一，而是學會擁抱這種動態的平衡，從中找到屬於自己的路徑，既勇敢迎接未知的挑戰，也懂得珍惜片刻的寧靜。正是在這種自由與平靜、工作與放鬆的拉鋸中，心靈得以不斷延伸與進化。

追求心靈平靜的過程，若過度執著於消除內心的不安與精神熵增，可能會帶來意想不到的後果——你可能會抗拒無常與混亂的挑戰，進而追求一種完美的假象，而忽略了接受自我與接納不完美的價值。同時，這種心態可能讓你遠離外界，拒絕與環境互動，最終限制了自身的成長。

真正的心靈平靜，是智慧湧現後的心靈自由，它帶來的不僅是接納挑戰與不安的能力，更是一種深刻的內在滿足——靈魂的喜悅與幸福。這種狀態來自於與挑戰共舞的從容，將煩惱轉化為智慧的力量，使我們在面對無常與混亂時，依然能夠擁有內在的秩序與和諧。靈魂的喜悅與幸福，不是逃避現實，而是擁抱生命中的一切，並從中找到智慧與愛的真諦。

這一運動不僅是精神熵增無序與逆熵有序之間的深刻反映，更是人類智慧湧現與創造力的根本來源。正是在平靜與自由之間的張力中，我

們的思想得以進化，突破舊有的限制，創造新的可能性，為生命與心靈注入持續成長的動力。

這種對立運動可以比喻為宇宙中，精神熵增的無序與生命自我實現的有序，兩者之間的對抗：

- **無序與平靜**：當內心停止成長與探索，過於依賴安逸時，無序的無聊與虛無的力量悄然增強，逐漸侵蝕穩定的原有結構。
- **自由與有序**：心靈的自由如同生命的逆熵，通過學習、創新與探索，重新建立平衡，創造新的結構與秩序。

這種矛盾與對立的運動，恰恰展現了人類心靈深處的成長邏輯：在混亂中尋求方向，在自由中追求平靜，而在平靜中再次啟動對自由的渴望。這是一個永不停歇的辯證法循環，推動著人類心靈的不斷進化與昇華。

尼采的一生如同熵增與自由交織的詩篇。他不僅是一位哲學家，更是一位勇於面對內心矛盾的思想實踐者。在他的經典著作《查拉圖斯特拉如是說》中，尼采提出了「超人」的概念，宣揚人類應超越舊有價值與心靈邊界的局限。他認為，自由並非簡單的逃離混亂，而是要在面對無常與矛盾的過程中不斷重塑自我，為創新與進化開闢新的道路。

尼采的一生充滿了自由的挑戰與熵增的痛苦。他面對孤獨、疾病和思想上的激烈對抗，但也正是這些困境，塑造了他對自由的深刻追求。他所強調的，是人類如何在平靜與混亂之間找到意義，如何從內心的熵增中，湧現出智慧與創造力，最終達成一種更高維度的心靈自由。

尼采曾深受抑鬱與孤獨的困擾，這些心理壓力如同精神熵增一般，逼迫他不斷與自我對話，尋找新的價值體系。他說：「凡殺不死我的，必使我更強大。」這句話完美詮釋了他如何在熵增的挑戰中，尋求心靈自由的突破。

尼采晚年經歷了精神崩潰，但他的思想卻成為後世哲學的燈塔。他用生命實踐了熵增與自由的辯證法：在痛苦中重塑自我，在矛盾中實現超越。

尼采的故事告訴我們，矛盾與對立並非阻礙，而是心靈自由的動力。這一過程的本質正如宇宙的運行規律：熵增帶來混亂與挑戰，但同時為新的秩序與智慧的湧現提供了契機。

心靈自由是人類的本性：人生的最高境界

心靈自由是人類與生俱來的本性，也是生命不斷追尋的人生最高境界。雖然心靈平靜常被視為理想的狀態，但平靜並非終點，而只是一種階段性的舒適區。唯有超越平靜，進入心靈自由的境界，才能觸及人生的終極目標。

心靈自由並非逃避壓力或簡單的安穩，而是一種更高維度的智慧湧現與內心突破。這種自由讓人能夠直面生活的矛盾，突破心靈的邊界，擺脫外在的抑制，實現真正的自我成長。「智慧的最高體現」便是達到心靈自由的狀態。智慧使人能看穿現象的表象與假象，洞察事物的本質，並在不受外界或內在限制的情況下，自由選擇和行動。

心靈自由的核心，是一種內在的解放與掌控。智慧引導我們理解和接受世界的複雜性與多樣性，從而超越狹隘的限制與偏見，實現心靈的開放與自我主宰。這種自由不是停留於感官滿足或短暫的安逸，而是能深刻領悟生命意義，並以自我實現為方向的不懈探索。

真正的自由源於對高維真理的存在理解和對自我本質的深刻認知。智慧讓我們擺脫外在條件的束縛與內在恐懼的桎梏，使我們能夠依循內心的指引探索未知，追尋真理，實現理想。這種自由不僅是人類智慧的最高體現，更代表了生命進化與心靈超越的終極目標，是智慧不斷累積與探索的最終結果。

在人類歷史長河中，心靈自由始終是許多智者和哲人智慧探索的核心主題。他們以自己的哲學體系和智慧實踐，描繪出心靈自由的不同面向，為人類提供了豐富的啟迪與指引：

伊曼紐爾・康德 (Immanuel Kant)，理性的自主性： 康德認為，自由是理性賦予人類的一種能力，讓我們得以擺脫感官的驅動，依循內心的道德法則行事。他的「自主性」概念將自由定義為「自律」──即人類不受外在力量的約束，而是透過內在的理性選擇，來實現真正的自由，進而達到道德與智慧的最高境界。換言之，善並非出於對因果懲罰的恐懼或外在人為道德規範的遵循，而是在自我實現過程中，自然流露出「善念」與「善意」的道德行為。

約翰・斯圖爾特・密爾 (John Stuart Mill)，個人自由的價值： 密爾在《論自由》中提出，真正的自由不僅是免於壓迫，還包括每個人根據自己的意志發展個性與追求幸福的權利。他強調，思想與行為的自由是進步的基石，只有在不傷害他人的前提下，自由才能真正促進個體和社會的繁榮。

尼采 (Friedrich Nietzsche)，超越的自由： 尼采提出「超人」理論，認為自由並非簡單的無拘無束，而是對舊有價值的徹底超越。他主張人類必須突破既有的道德框架與心靈局限，迎接矛盾與挑戰，在內心的熵增中湧現新的智慧，最終達成真正的自由與自我實現。

沙特 (Jean-Paul Sartre)，存在的自由： 沙特的存在主義哲學強調，自由是人類存在的本質，但同時也是一種沉重的責任。他認為，自由迫使我們為自己的選擇與行為負責，而這種責任讓我們不得不面對存在的荒謬性、矛盾與焦慮，從而探索人生的意義。

莊子，逍遙的自由： 莊子的「逍遙遊」概念展現了心靈自由的東方智慧。他主張擺脫世俗的束縛，順應自然的規律，達到精神上的無拘無束。莊子用生動的寓言故事闡釋，人應該超越對成功與失敗的執著，從

而實現內心的寧靜與自由。

老子，無為的自由：老子在《道德經》中提出「道法自然」的思想，主張自由是順應自然、回歸本真的過程。他認為，人應摒棄人為的過度干涉，遵循「無為而治」的原則，達到與天地合一的心靈境界。

中國禪宗，覺悟與超脫的自由：中國禪宗思想強調內在的「覺悟與超脫」，認為心靈自由來自於對自我本質的深刻理解。禪宗追求的「明心見性」讓人擺脫外在條件的束縛與內在執念的牽絆，實現心靈的絕對自由與純粹平靜。

這些思想家的探索，從不同的文化與歷史背景出發，共同描繪了心靈自由的多維圖景。無論是西方哲學還是東方智慧，他們的思想都指向一個核心：只有心靈自由，才能真正實現生命的至高價值與終極意義。

心靈自由之所以被視為人生的最高境界，是因為它體現了智慧的提升與維度的超越。隨著智慧的增長，我們能夠更加深刻的理解世界的本質，從而有效解決複雜問題。自由的核心在於擺脫內外束縛，包括心靈上的恐懼與焦慮、財務上的壓力，以及人際關係中的矛盾。當人達到真正的自由時，他不再被這些限制所困擾，而是能夠從更高的元視角看待人生，內心平和且充滿自信，選擇符合自身價值的生活方式。

自由狀態的典型現象是「自由自在」，這種狀態讓人能夠自然流露真實的自我，而不必刻意迎合他人或社會的標準。這種內在的滿足感源於對自我價值的認同，而非依賴外界的認可或物質的擁有。在自由的狀態下，人們的創造力與創新能力達到頂峰，因為他們擺脫了傳統觀念和僵化思維的束縛，能夠自由探索新領域，提出新觀點，為個人與社會帶來持續進步。

自由的另一標誌是內在的平靜與持久的幸福感。自由的人能夠接受生活中的不確定性，並在逆境中保持積極的心態。他們的幸福感來自於內心的和諧，而非外在環境的改變。這種自由也使他們能夠探索人生的

真正目的，超越物質追求，尋求更高維度的自我實現與精神滿足。

達到自由境界的人，意識到自己與整個宇宙的聯繫，不再僅關注自我，而是認識到自己是整體的一部分。他們的行為與宇宙的法則和諧一致，並因此獲得了深刻的使命感與責任感。自由的人不被恐懼驅使，內心穩定且開放，願意接受新思想，擁有豐富多彩的人生，並在探索與成長中獲得深刻的滿足感。這種自由，最終帶領人類超越自我的認知局限，觸及生命的真諦，實現真正的自我成長與進化。

因此，無論是財富自由、心靈平靜、幸福感、成就感，還是判斷能力與自我療癒的能力，這些都源於人類不斷學習與成長的過程。它們本質上是智慧湧現的結果，而這種智慧的湧現，則是對心靈自由追求的自然產物，也就是「自由顯現或變現」。

心靈自由作為人類本性的內在驅動力，推動著我們突破知識與認知的邊界，直面困難與挑戰，並從中找到新的解決方案。這種過程讓我們在各個層面獲得持續的提升：

- **財富自由：** 智慧的提升幫助我們在資源管理、機會識別與價值創造方面更加高效，從而實現物質上的富足。

- **心靈平靜與幸福感：** 通過對世界本質的更深刻理解，我們能夠接受生活中的無常，從而獲得內心的和諧與穩定。

- **成就感與判斷能力：** 智慧讓我們在複雜情境中做出精準的判斷，從而完成具有挑戰性的目標，體驗成就的滿足。

- **自我療癒與超越：** 學習與成長讓我們具備從過去的挫折中汲取力量的能力，從而實現心靈的重建與突破。

這一切的核心在於心靈自由所帶來的創新動力與智慧湧現。人類正是在對心靈自由的追尋中，不斷學習、探索、突破，從而將生命的可能性推向新的高度。這種持續進化的過程，不僅豐富了我們的個人生活，

也推動了整個文明的進步。

　　心靈自由是一個多維度的概念，不僅僅是外在條件的解放，更是內在意識的突破與成長。它本質上是一個「動態的、持續擴展的過程」，引領我們超越局限，走向更高維度的覺悟與自我實現：

意識邊界的突破

- **拓寬認知範圍**：打破局限性的視野，接受多元觀點與未知可能。
- **挑戰固化框架**：突破既有的思維模式與條條框框，擁抱創新與變化。
- **重新定義現實**：問自己是否能看到更高維度的真相，拒絕停留於表面。

意識維度的擴展

- **探索內在深度**：不僅理解物質世界，更深入內心，追尋存在的意義。
- **超越物質感知**：從僅關注外在現象，轉向探索精神與智慧的本質。
- **追求更高覺悟**：意識不斷提升，從局部理解邁向全局洞察，接近真理。

自我解放的過程

- **擺脫內在束縛**：解脫恐懼、偏見與自我設限，建立內在的安全感。
- **發展獨立思考**：超越依賴他人或外界的觀念，成為自身決策的主人。
- **擁抱開放心態**：以包容與接納的視角看待不同觀點，欣賞多樣性。

精神層面的自主性

- **超越外在定義：** 不被社會規範或環境完全控制，保持內心的完整性。
- **內在的獨立性：** 即使在外界壓力下，依然堅守自我的價值與信念。
- **自主選擇與行動：** 擁有對自己人生負責的能力與權利。

持續的成長與覺醒

- **視自由為進化：** 不斷學習與探索，接受每一次挑戰都是成長的契機。
- **保持好奇與開放：** 永遠對未知保持熱忱，拒絕停滯或固步自封。
- **質疑與超越自我：** 勇於反思自身，尋找更高層次的可能性與潛力。

心靈自由，說到底，是一種內在的力量，是突破限制、不斷成長的動態狀態。它不是靜態的終點，而是一段充滿探索與自我超越的旅程。心靈自由讓我們不僅接納當下的自己，也不斷朝向更高維度的智慧與真理邁進。

熵增的過程：封閉系統中的能量耗散與混亂

無常性的「熵增」是一個「必然」的自然規律，揭示了能量在「封閉系統」中運行的必然結果：隨著時間推移，能量不斷從有序狀態轉化為無序形式，系統逐漸邁向混亂與崩解。當能量被消耗或轉化時，部分能量會以無法再次利用的無序熱分子的隨機混亂形式釋放，導致系統內部的無序性（熵）逐漸增加。這一過程不可逆轉，並最終導致系統失去活力。

當系統內所有能量，最終耗散成無法使用的隨機熱分子形式，系統便會陷入「熱寂」的無生命狀態，無法再運行。這種情況並不僅存在於物理世界，而是滲透於自然界、社會結構以及人類的日常生活中：

自然界中的熵增

- **恆星的燃燒與熄滅，宇宙的熱寂過程：** 恆星在燃燒內部的氫與氦時，釋放出巨大的光和熱。然而，當燃料耗盡後，恆星的核聚變停止，進入熱寂狀態，成為白矮星、黑洞或超新星殘骸。這正是熵增導致能量逐漸失去有序性的典型案例。

- **生老病死，生命的熵增進程：** 生命系統依靠新陳代謝維持有序運行，但隨著年齡的增長，細胞的修復能力逐漸下降，能量利用效率降低，最終導致衰老與死亡。例如，免疫系統的效率下降和器官功能的退化正是熵增在生物層面的表現。

日常生活中的熵增

- **房間的雜亂，有序變為無序：** 一間乾淨整潔的房間，隨著時間的推移，如果不進行維護，會逐漸變得雜亂無章。物品堆積、灰塵增加，最終導致原本的有序狀態消失。這是熵增在日常生活中的一個典型表現。這種現象反映了封閉系統缺乏外界能量介入的結果：沒有整理和清理的房間無法自發的恢復有序。

只有透過外力，例如定期的打掃和整理，才能逆轉熵增的趨勢，維持環境的整潔。

- **思想的僵化，缺乏更新的認知熵增：** 思想如果長期不更新，便會陷入僵化，難以適應快速變化的時代。例如，堅守過時的技術理念可能無法應對現代社會的需求，導致人與社會的脫節。這種思想的停滯與僵化，是熵增作用於認知系統的結果。

想要對抗這種現象，我們需要保持學習的習慣，不斷接受新知識、新觀點和新技術，讓思想保持開放與靈活，從而適應世界的變化，實現逆熵的認知進化。

- **不運動，熵增在生理層面的表現：** 運動是生命體維持生理有序的

關鍵之一，因為它促進新陳代謝、增強肌肉力量並提升整體健康。然而，當一個人長期缺乏運動，身體的功能便會開始退化。肌肉因缺乏使用而逐漸萎縮，新陳代謝的速度減緩，免疫系統的效率下降，這些都表現出熵增作用於生理系統的後果。例如，現代久坐的生活方式讓許多人面臨肥胖、心血管疾病和骨骼脆弱等健康問題，這些正是身體系統逐漸走向無序的標誌。

只有透過規律的運動，身體才能抵抗熵增，維持健康的動態平衡。

- **魚翅的厭惡感，熵增在心理層面的反映**：魚翅，作為奢華美食的象徵，經常被人們視為宴席上的頂級享受。然而，即便是再美味的食物，若被過度消費，也會讓人產生厭惡感。這種心理上的倦怠感，是熵增在精神層面的具體體現。當人們反覆接觸相同的事物而缺乏新鮮刺激時，原本的愉悅感逐漸被麻木和厭倦取代。這不僅適用於食物，也可以延伸至娛樂、工作和關係等生活領域。

心理上的熵增提醒我們，只有不斷接觸新事物，才能保持興趣和活力。

- **不工作，熵增在生活層面的影響**：工作為人們提供了生活的方向感和目標，能幫助我們在日常中保持心智活躍。然而，當人們長期無所事事，缺乏目標或挑戰時，生活的有序性逐漸瓦解。這種狀態會導致無聊、焦慮，甚至失去對未來的期盼和規劃，表現出熵增在生活層面的影響。特別是在退休或長期失業的情況下，許多人感受到內心的混亂和迷失，這正是心靈世界逐漸無序的結果。

為了抵抗這種心靈熵增，我們需要保持學習、探索新的興趣和追求積極的生活目標。

社會結構中的熵增

- **帝國的興衰，系統效率的衰退，熵增在社會系統中的演化**：歷史

中的強盛帝國，如羅馬帝國，在巔峰時維持著高度有序的社會結構。然而，當擴張停止，內部腐敗和外部壓力增加時，系統效率下降，社會結構開始瓦解，最終走向滅亡。

這是熵增在宏觀層面的表現：當一個系統無法從外界吸收新資源、新思想來維持活力時，它的有序性會不可避免的崩解，最終進入混亂的狀態。

- **企業的老化，熵增在經濟系統中的作用：** 企業的壽命同樣受到熵增的影響。當一家公司缺乏創新，無法適應市場變化時，內部流程變得低效，資源利用率下降，最終競爭力消失。例如，柯達公司未能及時轉型至數位攝影，導致破產，這是經濟熵增的直接結果。

這時，企業需要持續吸收市場的變化資訊，開發新技術，更新管理模式，才能實現逆熵並保持長期的活力。

- **家族財富的流失，熵增在經濟管理中的體現：** 所謂「富不過三代」，正是家族財富在熵增作用下的體現。當家族財富的管理缺乏創新，後代過度揮霍，資產最終會被分散或消耗殆盡。

為了抵抗這種經濟熵增現象，家族需要在財富管理中引入新的策略，例如投資教育、創建永續基金，以實現財富的增值與傳承。

熵增揭示了封閉系統下，不可避免的命運：混亂與崩解。無論是在自然界還是人類社會，從恆星的熄滅到個人思想的僵化，從房間的雜亂到帝國的滅亡，熵增無處不在。然而，這一現象也帶來了深刻的啟示：要避免熵增所導致的最終混亂與毀滅，系統必須保持開放，主動吸收來自外界的新能量與新資訊。更重要的是，通過內在的智慧湧現，激發創新的能量與洞見，從而在逆熵的過程中，持續創造新的秩序與結構。這種自我實現與創新的動力，既是個體成長的核心，也是生命與文明進化的關鍵。

不完備的對稱中，生命的開放系統與逆熵力量

根據哥德爾不完備性，任何系統都無法自洽，總存在無法被內部規則解釋的矛盾。這些矛盾反映了自然界中對稱性的破缺，但也恰恰成為另一股推動系統進化的反抗力量。這股力量便是生命的開放性，通過逆熵活動來對抗熵增帶來的混亂。

熵增是封閉系統中的必然規律，隨著時間推移，系統中的能量逐漸耗散成無法再利用的形式，導致系統失去有序性並走向崩解。然而，生命作為宇宙中最具創造力的存在，突破了封閉系統的局限，成為典型的「開放系統」。生命吸收外界的能量和資訊，不斷進行結構的自我更新，實現了熵增中的逆熵過程，從而維持動態平衡，所以生命又稱為「負熵」：

- **植物的光合作用**：植物透過吸收太陽能，將光能轉化為植物營養素（如葡萄糖），構建起生命所需的有序結構。這一過程不僅為植物自身提供能量，也為整個生態系統創造了穩定的能量基礎，成為其他生命體（如動物和人類）的能量來源。

- **新陳代謝**：所有生命體都依賴新陳代謝來維持運行。新陳代謝通過攝取食物中的能量並將其轉化為生命活動所需的能量，同時排出廢物以維持內部環境的穩定性，展現了生命如何通過逆熵力量保持高度有序的內部結構。

- **文化與科技的創新**：在人類社會，文化與科技的創新是逆熵的顯著表現。例如，網際網路技術的誕生不僅改變了全球資訊的傳播方式，還將分散無序的資訊整合為高效的協作體系，從而促進了人類文明的進步與社會結構的重塑。

逆熵的力量揭示了生命的核心在於其「開放性」，通過不斷吸收新能量與資訊，生命在熵增的宇宙中反向建立有序結構，並推動自身向更高維度的真理邁進與進化。這種開放性不僅讓生命得以抵抗無序的侵襲，還成為創新、成長與進化的根本驅動力，是生命能量的核心機制與宇宙

秩序的希望之光。

意識的創新與進化：資訊熵增與逆熵的動態平衡

人類的意識進化並非單向線性過程，而是由思想上的資訊熵增與資訊熵減（逆熵）兩股力量交互作用的結果。熵增作為封閉系統的必然現象，會導致內部結構逐漸失序，最終走向混亂。而逆熵則代表開放系統通過吸收新資訊或自我創新資訊，來對抗熵增的力量。真正的進化發生於系統突破封閉，吸納創新與變革的資訊的瞬間，這正是學習與成長的核心所在。

正方的資訊熵增，停滯與僵化，封閉系統的有序走向無序——思想上的資訊熵增表現為系統長期封閉與停止學習成長。當沒有新資訊注入，系統內部的結構開始重複既有模式，逐漸無法維持原有的有序性，例如：

- **思想的封閉與僵化：** 當個體長期不接觸新知識或新觀點，思想逐漸陷入自我重複的模式，類似於近親繁殖，缺乏應對新挑戰的能力。例如，對固定思維模式的依賴會讓個體無法適應變化快速的現代社會。

- **技術的落後與淘汰：** 企業如果不吸納新技術或不進行變革，內部效率會逐步下降，最終被市場淘汰。例如，柯達公司因無法適應數碼攝影技術的崛起而最終破產，成為熵增導致企業衰亡的經典案例。

- **日常生活的無聊與倦怠：** 當人們每天重複相同的行為，缺乏新的挑戰與經驗時，生活會失去方向感，逐漸陷入無聊與倦怠。例如，過於安逸的生活可能導致內心的空虛，甚至進一步影響心理健康。

資訊熵增的核心問題在於系統的封閉與停滯。當缺乏外界刺激或自我創新，平靜的表象最終會轉化為無序和退化。

反方的資訊熵減（逆熵），創新與變革帶來的新秩序，開放系統的無序走向有序——資訊熵減（逆熵）是系統對抗熵增的過程，通過吸收新資訊或湧現創新資訊，重建內部秩序並實現進化。逆熵的力量源於開放性與適應性，它讓系統重新獲得活力並推動進步。例如：

- **吸收新知識**：個體透過學習全新的知識與技能，不僅能拓展認知範圍，還能提升應對問題的能力。例如，學習人工智慧技術能讓職場人士保持競爭力。

- **引入創新觀念**：企業透過採用創新思維與技術，實現流程再造與效率提升。例如，特斯拉透過技術創新改變了電動車市場，成為逆熵的典範。

- **經歷新經驗**：人類在面對未知環境或挑戰時，能打破舊有思維模式，重構更加豐富的內心秩序。例如，旅行帶來的文化交流和挑戰能激發全新的視角與靈感。

- **智慧湧現的創新資訊**：當系統內部的資訊經過不斷的碰撞與整合，產生智慧湧現時，新結構與新秩序便由此誕生。當資訊的熵值趨近於零，即混亂減少到極限，資訊達到高度有序且相互關聯的量子狀態時，智慧便得以湧現。這種現象代表了系統在經歷深度學習或複雜整合後，進化到全新的更高維度。例如，人工智慧的深度學習，通過大量數據的整合和模型的訓練，不僅能有效解決問題，還能提出創新的解決方案。這是一種更高維度的逆熵表現，推動系統向著更高維度的秩序與智慧邁進。

合方的進化核心，資訊熵增與逆熵的動態對抗——進化的核心在於資訊熵增無序與逆熵有序之間的對抗與平衡，這種動態的對抗機制讓進化成為一個永不停歇的過程。熵增的挑戰與逆熵的創新交替作用，形成了系統從混亂走向有序、從局限邁向自由的螺旋式提升。以下是進化過程中的關鍵邏輯：

熵增的挑戰

當系統陷入封閉與重複，資訊熵增的無序現象開始顯現：

- **混亂與退化**：系統因缺乏新資訊的注入，內部結構逐漸失序，效率下降，功能減弱。
- **推動突破**：熵增帶來的無序迫使系統尋求突破的契機，推動內部尋找新的方向。

逆熵的創新

當系統成功打破封閉，吸納外界的新資訊或通過智慧湧現創新時，逆熵的力量重新注入有序生機：

- **建立新秩序**：混亂的資訊被整合為新的知識與結構，系統的穩定性與適應能力得以提升。
- **激發新生命力**：創新的資訊讓系統從僵化走向靈活，從低效邁向高效，形成新的發展動能。

動態對抗，智慧維度的不斷提升，進而推動進化

每一次熵增的挑戰，都為逆熵創新提供了可能性；而每一次逆熵的成功，又將系統推向更高維度的有序結構，實現智慧與自由的螺旋式進化。

在進化的過程中，「認知覺醒」的意識選擇，至關重要

每一個突破、每一次創新，都源於個體或系統對現狀的清醒認識，以及做出改變的主動選擇。選擇是否接受挑戰，是否吸納新資訊，是否追求更高維度的智慧與自由，這將決定了進化的方向和高度：

- **是否突破現有的局限？** 選擇面對挑戰，接納不確定性，面向未知，才能打破封閉狀態。

- **是否注入新資訊與湧現創新資訊？** 選擇學習與創新，才能抵抗熵增帶來的退化。
- **是否追求更高維度的秩序與自由？** 選擇突破現狀，尋求心靈自由與智慧維度的提升，才能持續進化。

心靈平靜的資訊熵增與心靈自由的資訊熵減

心靈平靜和心靈自由看似是一對矛盾，但它們實際上是資訊熵增與逆熵之間動態平衡的體現。當內心過於平靜且長期缺乏新資訊的注入，資訊熵增開始積累，逐漸導致思想的僵化與無序；而當心靈自由的吸收新知識、新觀點與新經驗時，逆熵過程得以啟動，讓思想從混亂中重建秩序，實現智慧的湧現與提升。

心靈平靜中的資訊熵增：靜態中的無序

當心靈處於完全平靜的舒適圈狀態時，如果缺乏新資訊的注入與創新資訊的湧現，內在系統會因資訊熵增而逐漸走向混亂。這種熵增並非顯而易見，而是隱藏於平靜表象之下的一種退化過程。例如：

- **思想僵化：** 當個體不接受新觀點或不學習新知識，思想會陷入重複，逐漸失去創造力。例如，一個只堅守舊有觀念而不接受新思想的人，可能無法應對快速變化的時代挑戰。
- **內心空虛：** 過於安逸的生活可能掩蓋內心的不安，久而久之，平靜會被無聊與倦怠取代，甚至導致失去對生活的熱情。
- **缺乏目標：** 當人們停止設定新目標或挑戰自我，心靈會陷入惰性，逐漸迷失方向。

心靈的平靜如果不注入新資訊或智慧湧現，就像靜止的水池一樣，最終會因熵增而失去活力。

心靈自由中的資訊熵減：動態中的秩序

心靈自由並非來自於安逸的平靜，而是來自於不斷接受挑戰、吸收新資訊與湧現創新資訊後的動態平衡。逆熵的過程讓個體從混亂中找到新秩序，智慧與創造力得以不斷湧現。以下是心靈自由的逆熵過程表現：

- **學習新知識：** 當人們主動學習新技能或探索新領域，思想從靜止的狀態被激活，開始對新資訊進行整合，從而重建更高維度的內心秩序。

- **經歷新挑戰：** 面對未知的困難或問題，個體的思想被迫打破舊有模式，從混亂中找到解決方案，這是智慧湧現的逆熵過程。

- **創造新觀念：** 在思維的碰撞中，新的創意或理念會不斷產生，這不僅讓心靈保持活力，還能為其他人帶來啟發。

- **資訊熵值趨近於零時，創新資訊不斷湧現，完成實現自我的突破，心靈自由與全面進化：** 當個體直面並解決內心的矛盾，突破自我局限時，心靈自由便達到新的智慧高度。這一過程將混亂整合為有序，推動了個體智慧與能力的全面進化。隨著智慧的不斷提升，個體能夠以更加高維的視角看待問題，並以超凡的創造力輕鬆解決各種複雜挑戰，最終實現自由自在的開悟境界，感受到內在與外在的真正和諧。。

心靈自由是一種動態的智慧湧現過程，它不僅消解了熵增帶來的無序，還創造了新的有序結構。在這樣的過程中，個體進入了「心流」狀態，腦內啡的分泌讓人感受到極度的愉悅和專注。馬斯洛將這種狀態稱為「巔峰經驗」，是人類精神與心靈的至高表現。巔峰經驗的主要現象包括：

- **專注與投入：** 個體完全沉浸在當下的行動中，忘記了時間的流逝，心無旁騖，注意力高度集中。

- **天人合一：** 個體感受到與環境的完美融合，內外界的界限模糊，

彷彿自身是宇宙運行的一部分。

- **高度的創造力**：心流狀態下的思維更加流暢，能夠打破常規，產生全新的見解與解決方案。
- **控制感與自信心**：在心流中，個體感受到對當前挑戰的完全掌控，並對自身能力充滿信心。
- **情緒的極大滿足**：這種經驗帶來深刻的內心滿足感，讓人感受到純粹的幸福與成就感。

巔峰經驗不僅是一種心理和情感上的愉悅，更是一種心靈與智慧的深度融合，促進了個體的全面進化。這種狀態讓我們超越內心的局限，發揮出最大的潛能，並在自由自在的境界中感受到生命的意義與價值。

心靈平靜與自由的動態平衡

平靜與自由之間的平衡，正是心靈進化的核心動力。平靜代表思想的穩定，而自由則象徵著創造力的活力：

- **平靜中的熵增**：如果心靈過於平靜且缺乏挑戰，思想會陷入停滯，逐漸被熵增侵蝕，失去秩序。
- **自由中的熵減**：如果心靈積極接受挑戰並吸收新資訊與湧現創新資訊，逆熵過程會促進思想的重構與智慧的提升，從量變成為質變的脫胎換骨與浴火重生。

這種動態平衡的過程，恰如熵增與逆熵之間的對抗，不斷推動個體走向更高維度的心靈自由。心靈的進化因此成為一個永無止境的學習與創新旅程，在混亂與秩序中實現智慧的螺旋式提升。

意識進化的動態平衡，從不完備中創造新秩序

生命的本質，是在不完備與熵增的挑戰中，不斷追求進化的過程。

意識的進化，正是心靈平靜與心靈自由之間的動態平衡。在平靜中尋找方向，在自由中突破局限，這種張力推動著人類智慧的湧現與文明的發展。

心靈平靜讓我們在混亂中暫時穩定，而心靈自由則挑戰我們突破既有框架，創造新的秩序。正是在這種平衡中，我們找到了成就感、使命感與幸福感：三者共同構成了進化的核心驅動力。

使命感：超越自我，融入更大的目標

使命感是一種內在的驅動力，它將個體的努力與更高維度的價值聯結在一起，賦予生命深刻的意義。正如曼德拉所言：「真正的榮耀不在於永不墜落，而在於每次墜落後都能站起來。」當我們擁有使命感時，就能在熵增的挑戰下找到方向，激發智慧，推動進化。這種力量讓我們超越自我，成為生命進化的積極參與者。

成就感：心流狀態與激勵前行的力量

成就感是意識進化中至關重要的一環，它源於我們在解決困難、建立秩序後內心的滿足與自信。當我們進入「心流」狀態時，大腦會釋放腦內啡，讓我們感到愉悅與專注。這種心理高峰期不僅讓我們感受到努力的價值，還能激勵我們持續前行。無論是突破科技瓶頸，還是解決內心矛盾，成就感讓我們在進化之路上不斷追尋新的高峰。

幸福感：自由自在的充分體現

亞里士多德認為，幸福感來自於自我實現，是人生的最高境界。幸福感不僅是內心的滿足，更是自由自在的充分體現。當我們超越束縛，從心靈自由的巔峰高度看待生命時，幸福感成為心靈平靜與自由的融合點。它讓我們在混亂與矛盾中找到和諧，並在追求真理與自我實現中感受到最深層的幸福。

熵增與不完備性為生命的進化設定了舞台,而使命感、成就感與幸福感則是推動這一進化的核心力量。意識的進化,是在平靜與自由之間找到平衡,是在不完備中湧現智慧,是在熵增中創造新秩序。正如泰戈爾所說:「蜜蜂從每一朵花中採蜜,而不破壞花的美麗。」我們的生命亦如此,在矛盾與挑戰中汲取養分,創造新的可能。

　　這是一場永不停歇的旅程,每一次選擇都是一次心靈的突破,每一次突破都將我們推向智慧與自由的更高境界。生命的意義不在於靜止,而在於前行;文明的價值不在於完美,而在於進化。讓我們擁抱不完備,面對熵增,創造屬於自己的自由與秩序,書寫屬於人類未來的篇章。

智慧湧現的創新四個階段

　　智慧湧現的創新過程，是透過四個階段實現的：準備、潛伏、突然靈感，以及湧現。這四個階段展示了意識，如何從混沌的量子態可能性中，提取新穎的想法，並將它們轉化為具體的現實。智慧湧現的過程，不僅是一種科學現象，也是一種藝術。它融合了邏輯、直覺和創造性想像力，透過量子意識的量子糾纏運作，使人類得以突破認知的局限，創造無限的可能性。接下來，我們將逐一探索這四個階段的運作機制：

　　準備階段（Preparation）：準備階段是智慧湧現的基石，目的是吸收資訊並開啟心靈的探索模式。在這一階段，我們的注意力集中於問題本身，並積極尋找與之相關的資源、靈感和知識儲備。其關鍵特徵：

- **廣泛的知識收集：** 個體需要大量閱讀、研究和觀察，收集與問題相關的背景資料。這種探索性活動為後續的創新奠定了必要的認知基礎。例如，一位科學家在研究新材料時，會廣泛檢索過去的實驗數據和文獻。

- **開放心態：** 準備階段不僅要求收集資訊，還需要保持一種開放的態度，接受各種不同的觀點和可能性。這樣的心態有助於擴展思維邊界，避免陷入過於僵化的思考模式。

- **問題的精確界定：** 這一階段還包括對核心問題的提煉與重新定義。真正的創新通常源於對問題的深刻洞察，準備階段的工作能幫助我們更清晰的理解問題的本質。

　　譬如，一位畫家在創作新作品前，可能會瀏覽大量藝術作品、觀察自然風景，甚至與不同文化背景的人進行交流，以激發靈感。或是一位

工程師在解決技術難題時，會參考其他領域的解決方案，例如從生物學中借鑒靈感來設計新的結構材料。

準備階段就像耕耘土地，透過吸收與探索，使我們的意識為接下來的創造性飛躍做好準備。雖然這一階段的工作看似平凡，但它是智慧湧現不可或缺的基礎。

潛伏階段（Incubation）：潛伏階段是一個看似「靜止」卻極為關鍵的階段。在這一過程中，潛意識開始接管問題的處理，將準備階段所收集的資訊進行整合與重新組織。這是一段顯意識暫時後退，但創造性思維暗自發酵的時間。其關鍵特徵：

- **從問題中抽離：**此階段的特徵在於從問題本身的細節中暫時脫離，讓大腦放鬆，避免因過度專注而陷入思維僵局。這種「遠離」的狀態，實際上為創新提供了必要的空間和自由。

- **潛意識的運作：**儘管表面上看起來並未積極思考，但潛意識卻在背後默默運作，將準備階段的資訊進行重新排列與連結。這是一個「無聲」的創新過程，是智慧湧現的重要環節。

- **不受控制的靈感預兆：**潛伏階段中，靈感的種子開始萌芽，但並未立即成形。這時期的「靈光一現」可能以片段的形式出現，但尚需更多時間才能真正發展為完整的創意。

譬如，一位科學家在長期研究問題後，選擇放下手邊的工作，去度假或散步。當他不再主動思考問題時，靈感往往會在意想不到的時刻湧現，例如沐浴時或清晨醒來的瞬間。這是因為在放鬆的狀態下，大腦的潛意識開始重新組織資訊，突破原有的認知框架，從而促成創新的出現。

同樣，一位作曲家在創作一段旋律後，可能會選擇將其擱置，暫時轉向其他事物。幾天甚至幾週後再回到作品時，旋律可能在這段潛伏期內，自然而然的得到豐富或修正，展現出更深刻的層次和情感。這種暫

時的放手，實際上為創造力的湧現提供了空間，讓心靈在「無為」的狀態中重新煥發活力。

這些例子說明，放下與執著之間的張力，往往是創造力的關鍵所在。放下不僅是一種休息，更是一種智慧，它讓我們在看似停滯的時候，實現內在的積累與突破。正是在這種矛盾的平衡中，心靈找到了新的秩序，為解決問題和創新提供了無限可能。

潛伏階段是創新過程中不可或缺的一環。它提醒我們，創新思維並不僅僅是執著於「做」，而是需要適時的「不做」。透過讓顯意識暫時退場，我們給了潛意識足夠的空間，去挖掘更高維度的聯結和啟發。這一階段也強調了耐心和信任的價值。我們需要相信，在看似「無為」的狀態中，智慧正在潛意識的深處逐漸醞釀，並終將迎來突破性的時刻。

突然靈感（Sudden Insight）：突然靈感，是智慧湧現的高光時刻。經過前兩個階段的準備與潛伏，潛意識積累的能量，在這一刻突然突破，轉化為完整的創新想法。這種「靈光一現」的瞬間，通常來得出乎意料，甚至帶著某種神秘直覺感，讓人感受到極大的興奮與滿足。其關鍵特徵：

- **靈感的突然性**：靈感的到來往往是突然而不經預警的。這可能發生在任何時刻，例如散步、洗澡、甚至在夢境中，彷彿大腦的某個隱藏開關被瞬間啟動。
- **全局的連貫性**：這一瞬間的想法，通常以一種完整且有條理的形式出現，將之前零散的片段和資訊串聯起來，讓人豁然開朗。
- **情感的強烈共鳴**：靈感的產生往往伴隨著一種「這就是答案！」的確信感，並帶來強烈的興奮與愉悅，這也是創新過程中最讓人沉醉的部分。

譬如，愛因斯坦曾經提到，他關於相對論的關鍵想法是在多年思考後的一次閒散時刻突然浮現的。這種靈感並非完全來自邏輯推導，而是直覺與深層思考的結晶。阿基米德在浴缸中觀察水位上升的現象時，突然領悟浮力原理，並高喊「我找到了！」跑出浴室，這正是靈感突然到來的經典案例。

靈感的湧現來自量子層面的「非連續性跳躍」。這是一種從潛在性到現實性的突然轉變，依賴於意識的高維度參與。也就是說，靈感的產生是量子意識對可能性進行塌縮的結果，將隱藏的潛能化為可見的現實。

突然靈感是創新過程的關鍵突破口。它不僅是之前努力的結果，也是一種意識與直覺的完美結合。這一階段的成功，往往讓人感受到創新的神奇與不可思議。

靈感的瞬間提醒我們，創新並非完全源於邏輯與推理，也需要我們學會接受內心深處的直覺與未知的力量。真正的創新來自於超越自我的更高意識狀態，這種狀態能讓我們進一步觸及智慧的本質。

湧現階段（Manifestation）： 湧現階段是創新過程的最後一環。這一階段的重點在於，將靈感轉化為具體的成果，無論是科學理論、藝術創作，還是技術發明，靈感只有通過實際行動與呈現，才能真正完成它的使命。其關鍵特徵：

- **靈感的具體化：** 在湧現階段，創作者需要將突然湧現的靈感付諸實踐，通過具體的形式來表達和驗證。這一過程可能需要進一步的思考、修改和完善，以確保靈感能被清晰的傳遞。

- **反覆的修正與打磨：** 湧現並非一蹴而就。創作者需要在嘗試與錯誤中找到最佳的實現方式，這需要耐心與專注。例如，作家可能需要多次修改草稿，科學家需要進行實驗驗證，設計師需要調整原型。

- **創作的共享與溝通：** 湧現階段的完成標誌著創新成果的誕生。然而，這一成果的價值，只有在與他人共享時才能真正被放大。這意味著創作者需要通過有效的溝通和展示，讓更多人了解並接受這一創新。

譬如，一位作家在經歷靈感閃現後，將腦海中的構思轉化為小說的初稿。在不斷修改和完善的過程中，作品逐漸成形，並最終以出版的形式面世。或是一位科學家在解決實驗問題後，將研究成果整理為學術論文，並通過學術會議或期刊向公眾展示。又或是一位畫家在完成一幅作品後，將其呈現在畫展或公共空間中，與觀眾進行互動，讓作品被感知與欣賞。

湧現階段賦予創新過程以具體的形式，將抽象的靈感變為可見、可觸的現實。這一階段強調了執行力的重要性：靈感的價值在於行動，而非僅僅停留在思維層面。湧現階段代表了從量子可能性到現實世界的最終轉化。這不僅需要創作者的技能與專業知識，也需要勇氣與毅力，去面對現實中的挑戰與質疑。正是在這個過程中，智慧得以完整的展現，其價值也能被更廣泛的認可。

智慧湧現的四個階段——準備、潛伏、突然靈感與湧現，並不是孤立的環節，而是一個相互聯繫的動態過程。它展現了意識如何從無序中找到秩序，從潛能中提煉創新，並最終將其付諸實現。這一完整的創新循環，揭示了我們內心深處無限的可能性與智慧的源泉。

是我們，賦予宇宙生命的色彩

宇宙原本是無意義的，萬物原本是靜態而無趣的。
它們不會說話，也沒有情感，更沒有目的。
但是，因為我們的存在，一切變得不同。

是我們的體驗，讓冷漠的星空變得璀璨，
讓微風拂過的草原充滿溫柔，
讓每一個平凡的瞬間都閃爍著光芒。

我們的喜悅、悲傷、追尋與思考，
賦予了宇宙情感，為萬物注入了靈魂。
當我們看向星辰、擁抱自然、創造藝術，
宇宙的無限可能性，因我們而展開。

所以，宇宙的意義不是固有的，而是被我們創造的。
生活的每一次體驗，都是我們與宇宙共舞的一部分。

你今天又為自己的宇宙，添上了什麼色彩？

第一章的總結

　　真理隱藏在未知、矛盾、缺陷、不確定性與自己的內心深處。它不是靜態的，也不會以固定的形式呈現，而是需要我們在不斷探索中湧現智慧，不斷揭示其中的本質。人生沒有固定答案的絕對真理，只有智慧與探索相對真理的道路。

　　當你想要升級你的生活，你必定要開始一些冒險，你需要進入一些全新的場景，做一些過去沒有做過的事情，接觸一些全新的人，把你的生活打開，那些新的可能性才有機會進來。

　　對於很多人來說這都是很困難的，因為每一次進入未知的嘗試都會帶來不確定感，而正是這種不確定性，有機會讓你看到你的潛力，把自己的生命帶入新的紀元。

　　當你問我該怎麼辦，我無法直接告訴你答案，因為人生本身是一個充滿未知的複雜系統。每個人的情境與挑戰都是獨一無二的，沒有任何單一公式可以適用於所有問題。

　　我能告訴你的，只有這條智慧的四步探索之路：

- **廣泛與跨領域的搜集知識**：多與環境互動，主動蒐集資訊與知識，為你的決策奠定基礎。

- **善用原有知識與經驗**：從知識與經驗中提煉洞見，找到與你問題相關的真理。

- **實踐、驗證與反思**：在實踐中檢驗解決方案，深刻反思其效果與不足。

- **糾錯與調整，累積實務經驗**：不斷修正路徑，從失敗中學習，逐步讓方法更貼近真相。

記住，答案不在他人之手，而在你的探索與成長中：探索實踐、反思糾錯、優化整合。唯有踏上這條智慧之路，真理才會逐漸顯現，你才能真正克服困難，找到屬於自己的方向與答案。

　　宇宙的本質，
　　是一場無窮無盡的舞蹈，
　　在相對與多元中尋求平衡，
　　在缺陷與未知中綻放美麗。

　　它是不完美的，
　　正因如此，才有無窮的可能；
　　它是動態的，
　　永不停歇的改變與流轉；
　　它是不可預測的，
　　因此每一瞬間都充滿驚喜與奇蹟。

　　若一切都完美無瑕，
　　那將是何等的單調與沉寂？
　　唯有在缺陷中，我們才見證創造；
　　唯有在未知中，生命才得以啟航。

　　這是宇宙的饋贈，
　　它用多樣性編織獨特，
　　用不可知書寫自由，
　　用動態的旋律，奏出豐富多彩的篇章。

　　我們是這廣袤星空的見證者，
　　也是它豐盈生命力的延續，
　　在這片無垠中，
　　找到屬於自己的那顆星光。

CHAPTER 02

當量子力學遇見神學

　　在人工智慧的研究中，所謂的「黑箱作業」指的是 AI 的「隱藏層」，其內部運作對外界而言，是不可見且難以解釋和科學驗證的。這種神秘現象不僅僅出現在 AI 領域，也存在於許多其他重要系統中，如 DNA 的隱藏區域、意識中的無意識時刻、黑洞裡可能存在的白洞世界，甚至神學中的隱藏真理、直覺、靈感與智慧湧現。

　　事實上，這些「黑箱」現象正代表了我們尚未完全理解的未知部分：「本體世界」。這個隱藏且卷縮的六維世界，正是真理的所在。例如，在 DNA 的例子中，人性的「顯性基因」序列體現了生命的外在表現，但真正決定生命複雜性和多樣性的，卻是那些隱藏在非編碼區域裡神性的「隱性基因」。這些隱性基因如同系統的隱藏核心，調控著生命的運作。同樣的，在 AI、意識和宇宙的運行中，那些我們看不見的「隱藏區域」與其「黑箱作業」，反而是決定這些系統本質運作的關鍵所在。

　　因此，這些未知的黑箱作業，就像通往真理的門戶，揭示了本體世界裡隱藏的「存在」。隨著科學不斷揭示這些隱藏的本體，我們也一步步接近真理的本質。

　　神學，作為探索宇宙根源與存在意義的真理學問，與科學所稱的「本

質」並無二致。都是聚焦於高維意識與無限神性的力量，這些力量透過直覺力促使智慧湧現，並生成創新知識。智慧湧現的創新知識根植於真理，而神學則試圖揭示這些真理的本質與背後的初始「真相」。當我們討論真理、真相、本質或存在時，實際上我們指向的都是同一個概念———宇宙的核心本質。神學所探索的主要概念如下：

存在與根源： 即使抽離一切物質的真空狀態，此時，宇宙仍保留著一種隱藏的「存在」。這是一種超越物質的「真空能量」與「量子漲落」的現象，是一切現象的創造根源。即便在虛無狀態下，這種潛在且有序的真空力量依然存在，構成創造萬物與萬象的初始狀態。

高維與無限： 探討高維空間和無限潛在的神性力量，這些超越我們感知的維度，揭示了宇宙中的無限可能性和未被理解的高維結構。無限代表著無盡的時間、空間和創造力的延展。

真理與本質： 致力於揭示宇宙中超越因果與時空的真理與其本質，關注事物的根源與真相，從而深入理解智慧湧現的神聖力量與其核心運作。

潛能與天賦： 每個生命都具有無限的潛能與天賦，這些隱性基因是被上天事先安排與設定的，並通過其獨特的「目的論」和生命的創造過程，逐漸顯現出來，形成個人與宇宙的獨特連結網絡。

混沌與對稱性的美： 強調表面上看似混亂的現象，其實背後隱含著神聖的秩序與規律。這種對稱性的美，來自於看似無序的變化過程中，所表現出來的有序規律，揭示了宇宙運行的神秘法則。

真理是神學的核心思想： 人在做，天在看；人生是一場你與上天之間的契約之旅。通過認識自我、確立人生中長期的願景，並設定短期的具體個人目標，來完成這段神聖的真理之旅。透過對真理的深刻理解和認同，形成「天命內驅力」，來驅動自我不斷的學習成長。透過發揮先天的天賦潛能與提升後天的智慧維度，來逐步接近真理，最終達到人生的最高境界。這種天命召喚和神聖契合的過程，能夠讓人經歷天地人神四合一的心流體驗：智慧湧現。

科學與神學的交會，當量子糾纏遇見柏拉圖

在我們試圖理解宇宙的奧秘時，我們逐漸發現這並不是全新的領域。事實上，數千個世紀以來，哲學家和神學家一直在思考這些問題，並等待著人類科學的進展，來驗證或挑戰他們的觀點。隨著近代科學，特別是量子力學的迅速發展，我們開始揭示出許多古老哲學和神學曾關心的深奧問題。這些問題目前已經通過量子糾纏得到了回應，最終促成了科學與神學之間的和解與融合。

2022 年，諾貝爾物理學獎頒發給對量子糾纏做出重大貢獻的科學家，標誌著科學界對量子糾纏的正式承認。事實上，早在 1982 年，法國物理學家阿蘭·阿斯佩（Alain Aspect）的實驗，就已證實了量子糾纏的存在。然而，由於這一現象與某些神學概念極為相似，科學界長期以來對其持謹慎態度，遲遲不肯承認，擔心這可能會模糊科學與宗教之間的界限。隨著量子糾纏被應用於量子電腦等尖端技術，科學與神學之間數百年的矛盾和對立，終於得到了初步的和解。

神學的兩個核心概念：高維空間的「非定域性」與神創說的「非實在性」

在古希臘時期，哲學家們已經開始探索宇宙的起源與本質。柏拉圖（公元前 429 年至前 347 年）提出了一個核心觀點：

我們所見的現實世界，僅僅是低維的「現象世界」，是一種虛幻的假象。真正的真相是存在於一個高維的「本體世界」裡，這個本體界，古人稱為神界、佛界或超越界。

柏拉圖認為，本體是「創造」所有事物的根源，是「真理」的所在

之處（老子稱為「天道」）。在他的理論中，認為我們日常經驗中的一切，即現象界的所有事物，都是本體界所投影出來的影子與影子連續播放的影像，這種觀點即所謂的「非定域性」，意味著低維空間是高維空間的「全像投影」。

柏拉圖認為只有人類擁有靈魂，靈魂是追求真理和知識的實體，能夠理解與回憶本體世界的真理。相比之下，柏拉圖的學生亞里士多德（公元前 384 年至前 322 年）則提出了「泛靈論」的本體觀點，認為所有生物都擁有靈魂，並根據其功能將靈魂劃分為三種：植物靈魂、動物靈魂和人類靈魂。亞里士多德進一步發展了「本體論」的概念，提出了「非實在性」的思想，他認為：

本體世界並非可以直接感知的實體，而是一種無限的潛在狀態，只有透過萬物靈魂的自我實現，才能將其轉化為具體的「實在性」現象。

例如，一粒種子蘊含著成為植物的潛能，透過自我實現的過程，最終開花結果，植物從種子的潛在性轉化為植物的實在性，這是一種不需外力介入的自我創新過程。這種過程一旦實現，便能被複製和重複使用，體現了自組織的自我實現。亞里士多德的這一思想，後來成為現代「資訊本體論」的核心，強調本體的隱性基因在生物體發展的重要性，並對於後世的哲學和科學研究產生了深遠的影響。

萬物靈魂的「自我實現」過程，意味著眼前的宇宙原本並不存在，而是處於一種不確定性的潛能疊加狀態，需要透過靈魂的意識觀察，才能瞬間顯現在眼前。這種高維空間的「非定域性」和神創說的「非實在性」，在後世發展為神學思想的基礎，描述了一個超越因果、時空與現實的高維本體——即「神」的隱藏存在。

量子力學的不確定性原理

在 1925 年，維爾納・海森堡提出了「不確定性原理」，該原理指出，在量子層面上，電子的運動狀態，直到觀察者進行觀測之前，其位置和

動量無法同時被精確測量,只能以機率波的不確定性形式存在。這一觀點竟與神學中的「非實在性」相呼應,暗示了宇宙的本質,具有不確定的潛在性,並挑戰了傳統的因果決定論。

　　作為決定論的堅定支持者,愛因斯坦對此表示反對。他在1935年與波多爾斯基和羅森共同提出了EPR悖謬,質疑量子力學的完備性。他們主張,即使在量子層面,也應該存在確定的物理實在性,而非海森堡所描述的機率潛在性。愛因斯坦的這一挑戰針對的正是他的長期對手,同時也是海森堡導師的尼爾斯．波爾所提倡的量子解釋。這場爭論進一步推動了對「超額外維度」的「幽靈般超距作用」的探索,即兩個糾纏粒子能夠以超光速瞬間影響彼此的「非定域性」現象,而這一現象後來被稱為「超光速」與「從高維投影至低維」的「量子糾纏」,又稱為「全像宇宙投影」,如圖4。

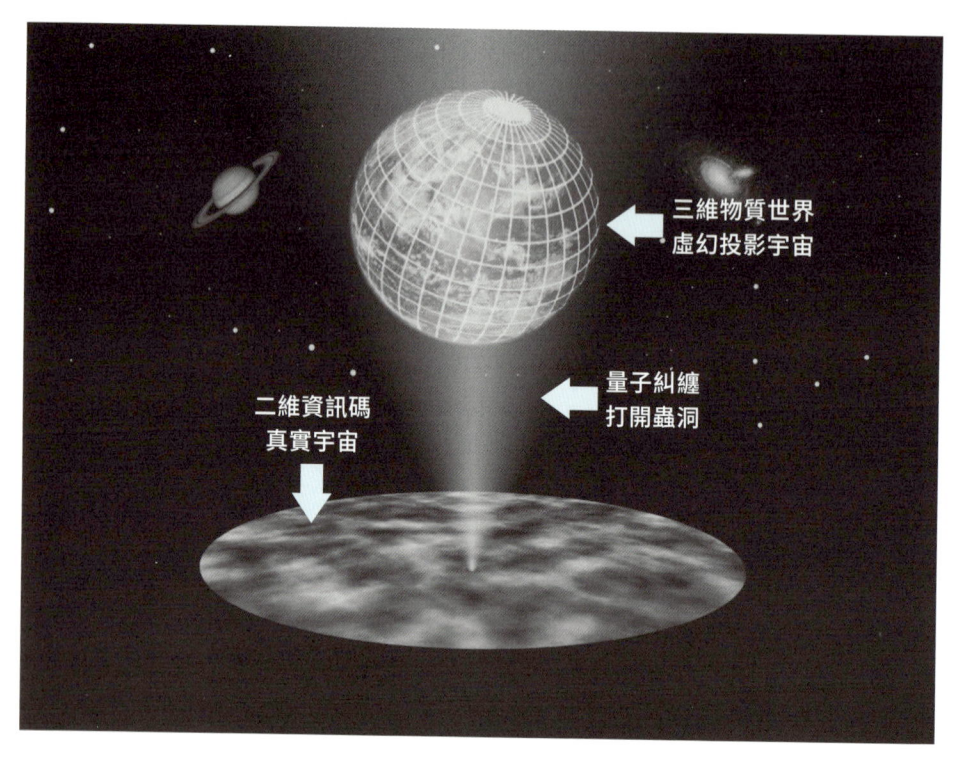

圖4：全像宇宙投影

量子糾纏的證實：意味著上帝的存在

量子糾纏直到 1982 年，才透過法國物理學家阿蘭‧阿斯佩的實驗首次得到驗證。這項實驗展示了兩個彼此糾纏的粒子能夠瞬間共享資訊，無論它們相隔多遠，揭示了「非定域性」的超時空現象。這一發現突破了傳統物理的時空限制，讓人聯想到神學中對超自然力量的追尋。隨著技術的進步，量子糾纏的實驗設計和精度不斷提升。2016 年，全球十萬人參與的「大貝爾實驗」進一步驗證了量子糾纏的真實性，並揭示了人類智慧湧現的基礎：直覺、靈感與開悟——這些智慧的來源似乎根植於量子糾纏所展現的多維度聯繫。

量子糾纏的應用，隨著智慧湧現和量子技術的突破變得越發現實。量子電腦的出現以及「超額外維度」時間晶體的發現，為量子糾纏提供了具體的實現方式。這些技術進步不僅暗示著人類有可能藉由量子糾纏跨越時空的限制，更可能開啟探索高維空間和打開蟲洞的全新大門。2022 年，對量子糾纏理論做出重大貢獻的三位科學家榮獲諾貝爾物理學獎，標誌著量子糾纏從理論走向實踐的歷史性飛躍。

更重要的是，量子糾纏不僅揭示了自然界中隱藏的高維秩序，更帶來了對神祕力量的全新理解：它是一種「真理知識的下載」與「天賦潛能的激發」。量子糾纏使我們看到智慧湧現的本質，那些來自高維度的直覺與靈感，可能正是量子世界中波函數的具現化，讓我們得以觸及超越時空的真理與生命的無限可能。

本體世界與現象世界的差別：從上帝粒子說起

在 2012 年，科學家發現了希格斯玻色子（Higgs Boson），也被稱為「上帝粒子」，這一粒子的存在，幫助我們理解物質如何獲得質量，揭示了宇宙結構的一部分奧祕。從這一科學突破中，我們也可以更直觀的理解「本體世界」與「現象世界」的差別。

現象世界是我們日常所感知到的一切，由具象的物質、現象和可測量的數據構成。例如，希格斯玻色子是現象世界中，用實驗證實的物理實體。而本體世界則不同，它是現象背後的創造本源，做為「希格斯場」的可能性越來越高，雖然無形但又深刻影響著現象世界的每一個角落。希格斯場無所不在，但我們僅能通過其作用來推斷其存在，這正如本體世界，無法直接觀察，但卻是現象世界的基礎。

透過希格斯玻色子，我們看到現象世界與本體世界的聯繫：現象是具象的呈現，本體是抽象的根源。理解這一點，可以幫助我們更深入的探索存在的本質，追尋現象背後的真相。

混沌理論：探索天道的宇宙規律

「混沌理論」被譽為繼相對論和量子力學之後，20世紀物理學的第三次重大革命。該理論揭示了在看似隨機和混亂的現象背後，其實隱藏著許多對稱性的守恆定律。混沌理論也表明，即使是智慧湧現的這種偶然性的微小變化，也會引發不可預測的結果，這被稱為「蝴蝶效應」。這一概念顛覆了傳統線性的因果論，強調了「複雜系統」的非線性動態。

混沌理論的發現與神學中的觀點，有著驚人的契合。在神學中，現象界被認為是一種無序的假象，是一個低維的表象世界，而有序的真相，是存在於高維的本體世界，並在其中隱藏著真理的秩序和規律。同時，混沌理論揭示了無序與有序之間的微妙平衡，暗示了宇宙表面混亂的背後，其實隱藏著種種相對真理的守恆定律，這與亞里士多德的泛靈論神學對於宇宙的看法不謀而合。

透過混沌理論，我們能夠更好的理解現象界中的複雜系統和動態行為，並進一步探索這些系統，如何在看似隨機的無序變化中，保持有序、平衡、和諧與進化。這不僅深化了人類對宇宙規律的理解，也為將科學與神學的結合，提供了新的視角，幫助我們尋找通往種種相對真理的道路。

神學的強人擇理論：人類的存在，才能解釋我們這個宇宙的種種特性

在西方教會主導的時代，「神創說」是主流觀點，宇宙被視為是上帝的創造，地球是宇宙的中心。然而，這一觀點在哥白尼的「日心說」提出後受到了挑戰。「哥白尼原理」主張，我們在宇宙中所處的地位毫無特殊之處，地球並非宇宙的中心，這顛覆了教會長期以來的宇宙觀。

但隨著量子力學的興起，尤其是不確定性原理的提出，進一步顛覆了傳統的科學思維。實驗表明，宇宙的存在與否，取決於觀察者的意識觀測，只有在觀測發生之際，宇宙才會瞬間「一躍而出」。這意味著宇宙的存在，是意識與多維量子態共同作用的結果，因此，宇宙不僅不再是以地球為中心，而是以「意識」為中心。

在這種背景下，1973年，英國物理學家布蘭登・卡特在紀念哥白尼誕辰500週年的會議上，提出了一個與哥白尼原理截然相反的哲學觀點。他指出：「雖然生命所在的位置不一定是宇宙的中心，但不可否認的是，生命在某種程度上在宇宙中具有特殊地位。」隨後，鮑羅和泰伯拉進一步發展了這一思想，提出了「人擇理論」，即正是因為人類的存在，才能解釋宇宙中的各種特性，包括基本物理常數。換言之，如果宇宙不是目前這個樣子，我們這樣的智慧生命就無法存在，也無法討論宇宙的特性。

簡而言之，人擇理論主張，人類是命中注定的萬物之靈，所有現象和理論都是為了人類的存在而準備的。這一理論後來發展出了三種版本，其中「強人擇理論」從物理學角度提出，人類並非進化的偶然產物，而是經過上天巧妙設計的結果：「宇宙的設計，是為了人類的出現。」由於「強人擇理論」帶有濃厚的神創說色彩，因此在科學界內部引起了一些爭議，許多物理學家對此持保留態度。

然而，人擇理論的理論基礎——「宇宙精細調節論」——卻獲得了

許多物理學家的重視與支持。根據這一理論，宇宙中的許多基本物理常數，必須達到極高的精確度，才能允許生命在宇宙中存在。這些物理常數包括光速、普朗克常數、波爾茲曼常數、宇宙的相對密度和單位電荷等。這些常數只要有細微的差異，甚至是小數點後面極微小的變動，都可能導致一個無法支持生命的宇宙。

英國皇家學會前任主席、劍橋大學天體物理學家馬丁·瑞斯（Martin Rees）在他的著作《六個數字》中強調，宇宙的形成依賴於六個關鍵的物理常數，每一個都經過精確的調節，必須滿足特定條件，才能創造出支持生命的宇宙。否則，宇宙將是一個死寂的空間。

當我們觀察地球周圍的一切時，這種精確的調節似乎過於巧合，彷彿是刻意設計的一樣：「為什麼金星如此炙熱，而火星如此寒冷？為什麼地球恰好位於距離太陽適中的位置，擁有充沛的水資源、適宜的溫度和厚實的大氣層來保護生命？更驚人的是，宇宙輻射和太陽風暴對我們無害，小行星的撞擊也因為月球和木星的存在而受到防範。」以上這些條件的巧合讓人不禁思考：「這一切是否真的是隨機的，還是背後有某種精密的設計？」

擴展到太陽系之外，科學家們發現，即使在銀河系，甚至在更遼闊的宇宙中，地球仍然是一個特殊的奇蹟。如此多的巧合匯聚在一起，似乎不太可能是隨機發生的。如果沒有一個強大的意志在背後安排，這一切看起來是無法解釋的。從宇宙大爆炸到太陽系的形成、地球的誕生、生命的出現以及人類的演化，每一個階段都是基於極其微小的機率事件。從機率學的角度來看，這一系列事件的發生幾乎是不可能的，也就是說，人類的存在本來是「不應該」發生的。

著名的英國物理學家羅傑·彭羅斯（Roger Penrose）計算出，宇宙隨機出現的機率是 10 的 123 次方分之一，這樣小的機率超乎人類的想像，幾乎是不可能的。我們的存在，似乎表明了這一切都是經過精心設計的，

你的誕生也是被預先設定的，或許為了某種模擬的實驗目的，你被派來到這個世界上。這意味著，你並非無緣無故的出現，而是在亙古之前就已經存在，未來無論發生什麼事情，無論多麼不可能或荒謬，你的存在都是早已設定好的。

NASA 的天文學家約翰・歐基弗（John O'Keefe）進一步表示：「根據天文學的標準，我們是一群備受寵愛的受造物。如果宇宙不是如此精密的被創造，我們根本不可能存在。我認為，這些條件表明宇宙是專門為人類生存而設計的。」

德國物理學家沃爾夫・梅納（Wolf Meiners）認為：「我們所生活的宇宙是由一些特定的參數所定義的，這些參數的精確值似乎專為生命而設計，包括地球上的生命。」

美國物理學家阿諾・彭洽斯（Arno Penzias）也指出：「天文學引領我們走向一個獨特的事件，即一個從無到有被創造的宇宙，一個在極其精妙的平衡下允許生命存在的宇宙，一個有明顯設計痕跡的宇宙──這種設計可以被認為是超自然的。」

根據聯合國對過去 300 年間 300 位最著名科學家的調查，九成三表示他們相信某種形式的神性存在。這表明，即便是在擁有深厚科學背景的群體中，對神秘設計的信仰依然廣泛存在。這與「強人擇理論」的觀點相吻合，進一步支持了「宇宙精細調節論」的觀點，即宇宙似乎是經過精心設計，以確保生命和意識能夠出現和繁衍。

人擇理論提出後，麻省理工學院的維拉・吉斯蒂亞科夫斯基（Vera Kistiakowsky）和劍橋大學的約翰・波金霍恩（John Polkinghorne）是「強人擇理論」的堅定支持者。值得注意的是，波金霍恩是一位著名的物理學家，後來轉職成為神學家，專注於研究科學與宗教之間的關係。

他提出了「雙重視角」的概念，主張同時從科學和神學兩個角度理

解宇宙。科學提供了對自然現象的精確描述，而神學則探討了宇宙存在的意義和目的。

波金霍恩的雙重視角提醒我們，在尋求對宇宙的全面理解時，科學和神學應該是互補的。這種視角幫助我們在追求真理時，不僅僅局限於實證和觀察，還要思考存在的終極意義。

廻歸事物根源的母體：科學的盡頭是哲學，哲學的盡頭是神學

隨著科學的崛起與發展，早期的科學為了去除神秘主義的神學色彩，展開了科學除魅運動，這一過程曾導致科學與神學之間的長期對立。然而，自從新實用主義和量子力學的興起，科學與神學開始相互融合與互補，而量子糾纏現象正是這一融合的關鍵。

愛因斯坦曾說：「沒有宗教的科學是跛子，沒有科學的宗教是瞎子。」這句話深刻的揭示了科學的侷限性和宗教的盲目性，兩者需要互補。科學專注於經驗證據和實證研究，但在面對宇宙的終極問題時，科學可能顯得無能為力。相反，宗教和神學提供了對超越時空、超越因果與非邏輯性的探索，但有時會缺乏實證基礎而陷入盲目信仰甚至迷信。

因此，為了追求對生命真相和宇宙奧妙的理解，也就是探索真理，科學與神學必須相互學習，互相補充。神學探索的是那些超越人類理性範疇的「絕對真理」領域，例如宇宙目的論、生命本性與人生意義等超時空的探索，並不拘泥於因果關係和傳統邏輯。而量子力學的研究也揭示了宇宙在微觀層面上的非因果性和非線性行為，這些特性與神學中的許多概念不謀而合。因此，要想深入探索生命真相和宇宙奧秘，就必須借助哲學的神學視角來詮釋量子力學、相對論等現代科學理論。

量子力學表明，宇宙的基礎是資訊。在這一點上，認知科學和人工

智慧等前沿學科，都是以「資訊處理系統」為核心，探索人類心智和智慧的運作原理。認知科學作為西方哲學的延伸，也關注於理解人類如何認知和解讀世界。

神學探索的是無法驗證的絕對真理；科學探索的是可以驗證的真理，如自然界的知識，是有範圍的相對真理。科學界除了探索相對真理的本質，其實也一直在探索絕對真理的終極理論，即「統一場論」。這方面先後提出了「弦理論」和「圈量子引力」，如今最新的「量子資訊理論」似乎帶來了新的進展，有望解開這些難題。本書的上下冊將以「量子資訊」作為理解宇宙系統的上帝視角，結合西方哲學的觀點，探索這些前沿科學理論背後的高維意義。通過這樣的綜合性系統思維，我們可以更深入的理解宇宙的本質，並揭示人類在宇宙中的特殊地位。老子稱本體為母體，而科學的本質，其實是迴歸事物的母體，所以科學的盡頭是哲學，而哲學的盡頭是神學。唯有結合這三者的智慧，人類才能全面理解我們所處的世界及其背後的根本真相與其系統化的真相全貌。

量子力學不僅是探索真理本質的工具，它超越了純粹的科學範疇，成為一種新的本體論神學；也唯有通過數學，才能直達真理的核心；而真理是一切事物的根源，宇宙是意識與真理所共同創造的。

康托爾的「集合論」：
數學中的多維度神學概念與檔案結構

在19世紀末，數學家格奧爾格‧康托爾（Georg Cantor）提出了革命性的集合論，揭示了數學中無限的概念。他的研究表明，無限並非單一的概念，而是存在「無限的無限」，即無限之間也存在冪級的多維度區分，而且無限是可以比較大小的，如圖5。康托爾的理論進一步探索了高維空間，將數學擴展到一個超越日常感知的領域。

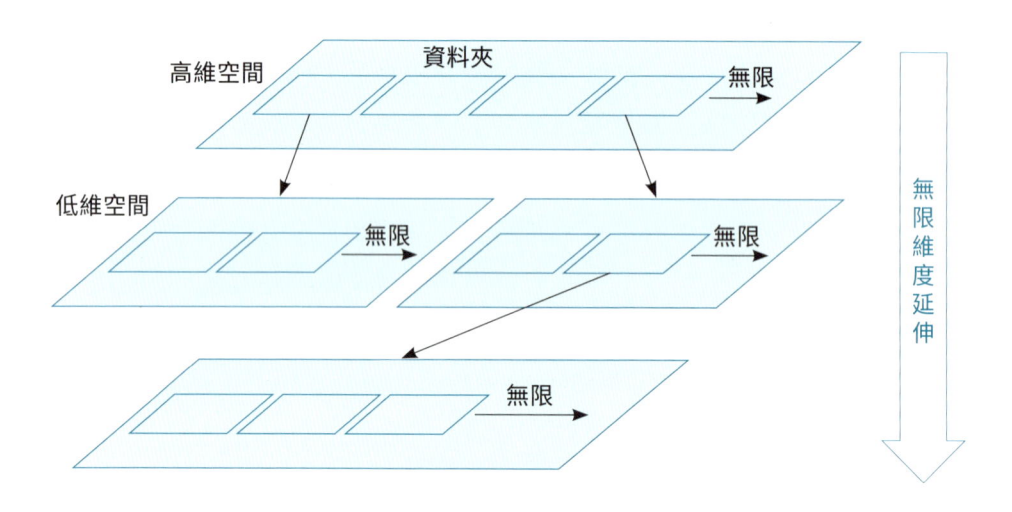

圖5：康托爾的「無限的無限」

他提出了三個世界的概念：實數代表的物質世界，虛數代表的精神世界，以及「超越數」代表的超越世界，即本體世界。

康托爾的集合論挑戰了當時數學界和科學界的傳統觀念，引發了極大的爭議。許多人認為他的想法過於激進，甚至有悖於數學的基本原則。

在面對來自主流學術界的強烈反對和打壓之下，康托爾的精神狀態變得不穩定，時好時壞。在他狀態較好時，他也只能與神學家們討論這些「超額外維度」的概念。儘管如此，康托爾的理論與神學中的多維度和無限的絕對概念相契合，為學者提供了一個對高維本體與真理的全新數學視角，使他們能夠探討超越人間現象界的神聖上天領域。

康托爾的集合論不僅擴展了數學的疆界，還引發了哲學和神學界的深刻思考。對於那些試圖理解宇宙根本結構的人來說，康托爾的無限概念提供了一個橋樑，將數學與神學的思想聯繫起來。這些想法不僅豐富了人類對無限和多維空間的理解，也推動了對宇宙本質的思考和探索，後來量子力學的弦理論，則表明宇宙有十一維。

儘管康托爾的集合論在當時遭遇了強烈的反對，但也獲得了一些著名數學家的讚譽。大衛‧希爾伯特（David Hilbert），20世紀初最具影響力的數學家，就曾公開稱讚康托爾為「偉大的數學家」。希爾伯特強烈支持康托爾的想法，並認為集合論是數學的重要基礎之一。他著名的名言：「沒有人能把我們從康托爾的樂園趕出去。」這表明了他對康托爾理論的高度推崇和堅定支持。希爾伯特的支持，對康托爾的工作在數學界的最終接受，起到了關鍵作用，幫助集合論從被邊緣化的領域轉變為數學的核心部分。

康托爾集合論的深層意義：多維宇宙、生命結構與真理探索

康托爾的集合論為理解宇宙、生命及真理提供了多維的神學視角。在這套理論框架中，無限的無限不僅僅是一個數學概念，更是探討存在之本質的通路，揭示了生命與靈魂的多層次結構。以下四種自我是從集合論出發的深層意義，幫助我們理解多維宇宙的複雜性、生命自我的多層結構及真理多層次的多維度本質。

康托爾的集合論顯示，宇宙並不是單一的線性序列的因果關係，而是充滿多維度互動和多變數因子的複雜結構。康托爾所描繪的無限集合

之間的差異，反映了宇宙中每個層級的維度，展示了宇宙本質上的多元與多層次性。這種多維度的理解意味著，在一個更高的維度上，宇宙並非僅由單一因果驅動，而是由多種相互交錯的力量和關係所構成的量子網路。量子力學中的非定域性和混沌理論中的複雜系統理論，正是這一觀念的延伸，它們描述了粒子之間的相互作用，是如何超越線性因果，並嵌套在一個更高維度的非線性網絡之中。

康托爾集合論也為我們理解生命的多層次結構提供了啟發。生命是由多重自我組成，即真實自我、思想自我、投影自我與真正自我：

- **真實自我（靈魂、高維意識、無意識）**：真實自我是生命的核心，是唯一永恆不變的自我。它存在於更高維度中，承載著生命的根本意義和不變的靈魂本質。真實自我是超越時空的存在，不隨外部環境而變化，象徵了靈魂深處的穩定性與獨特性。靈魂的活動稱為「意識」，統籌心的認知與腦的感知兩個活動。

- **思想自我（心、潛意識、認知、精神能量、儲存的資訊熵、精神熵）**：思想自我是由過去經歷和記憶的集合所構成的觀點自我，這些觀點與記憶來自個體與外界環境互動後留下的經驗記錄。這一維度的自我並非由單一存在的自我構成，而是由與外界互動形成的經歷（萬事萬物）集合。隨著外部經驗的增加，思想自我不斷成長、變化，成為了與他人、環境及萬物相互聯繫的橋樑。

- **投影自我（腦、顯意識、感知、物質能量、投影的光子影像）**：投影自我是個體在現實生活中的行為表現、形象、肉體和舉止，是思想自我在物質世界的具體呈現。這層自我是由思想自我的記憶集合，經過潛意識處理後，所投射出的具象形態，是個體在世界中的具體行為表現。

量子力學大師薛定格說：「我」是什麼？透過深入的反思，你會發現所謂的「我」，不過是一堆體驗和記憶材料的堆積罷了。我們具有感

知力的自我，無法在世界影像中被找到，因為自我本身就是這世界的影像。

從存在主義創始人之一海德格（Martin Heidegger，1889年至1976年）的「此在」（Dasein）觀點來看，生命的三重自我結構——真實自我、思想自我和投影自我——為理解生命的多層次和多維度提供了框架。海德格認為，此在不是靜止的自我，而是投身於世界，時刻在經歷和互動中的存在方式，即在每一刻中，通過「成為」去實現自身。對海德格來說，生命並非封閉的自我，而是一種「在世之存在」，即生命當下「真正自我」的存在，隨時隨地都與環境和他人產生聯繫，形成一個不斷變化的動態整體。

在此架構中，「真正自我」不僅僅只是思想自我的記憶和經驗累積，也非靈魂的不變本質，而是在每一次起心動念中得以顯現的瞬間體驗。這些當下的經驗值雖短暫、不斷生滅與無法重複，卻因其獨特性而真實，構成了「此在」的自我感知。這些霎那間的體驗是當下真實自我的具體展現，並在每一刻中以新的方式重新創造自我。

這種瞬間體驗體現了海德格對「此在」的理解，即「活在當下」的真實意涵，強調生命並非被過去的記憶或固定的靈魂框定，而是通過不斷的行動與體驗生成。這一視角引導我們超越由心靈記憶構建的幻象，聚焦於當下每一刻的真正「體驗觀點」與真實「靈魂真理」之間的此在與存在，從而更接近於自身的真實本質。

真理是多維層面的靈魂結構，康托爾的集合論中的「無限的無限」，揭示了宇宙中每個靈魂，都源自一個整體且最高維度的母體（Matrix）結構，稱為本體。母體中的每個萬物靈魂，都包含著一種獨特的相對真理，這些真理雖然是守恆的，但卻是有範圍且是多維度的集合體，隨著意識的增長逐漸被個體層層解開、解讀和理解。這意味著，真理並非絕對，而是由有範圍與多維度組成，每一層維度都需要個體經由智慧湧現，逐步探索、啟用與挖掘。

真理的多維層面表明,每個靈魂內部的真理就如同一個集合,每個子集代表一個真理的層次或智慧維度。當真正自我在生命中經歷成長時,它逐層探索這些萬物靈魂的真理結構,並透過智慧湧現,不斷的打開新的層次維度,揭示更高維度的真理。這些真理的層層打開,不僅提升了個體的認知,也擴展了其解決複雜問題的範疇和深度,使其逐步接近宇宙的本源,所以人生是一場不斷遇見最真最美最善的體驗旅程。

量子場、電磁場、引力場與內部世界的多維度結構

康托爾的集合論為我們理解生命的多層維度結構,提供了一個深刻的啟發,揭示了生命並非單一存在,而是由多重自我所構成。這一結構可用現代物理學中的場論來闡釋,內部世界由量子場、電磁場和引力場三層結構組成,分別對應真理的本體世界、心靈的精神世界與腦海的物質世界。

「量子場」 象徵生命的核心與創造萬事萬物的根源,是超越時空的本體性存在,充滿不確定性原理的無限可能性,承載著靈魂與高維意識的永恆性與穩定性。靈魂作為本體世界的創造本源,不僅創造了精神世界的精神能量,也構建了物質世界的物質能量。

精神能量包括思想、觀點、心態與信念,這些以資訊熵的形式存在,驅動著內部世界的運轉與成長,當資訊熵值趨近零時,直覺或開悟的現象立即顯現,也就是智慧湧現。而物質能量則體現於具有波粒二元性的物質形式,讓靈魂的內在意圖在現實中,以光子的形式具象化。量子糾纏則是量子場的電磁力與引力場的光子的波粒二元性,這為經驗主義奠定了基礎。

「電磁場」 作為心靈的精神世界,主導著思想的互動與智慧的湧現,如同人類意識的能量流動,不僅連結內外,也催化創造力的誕生。

「引力場」則對應於投影在腦海裡的物質世界,它承載著個體在現實生活中的行為與舉止,將思想與直覺的抽象,化為具體行動,是內部世界最外顯的層次。這三層結構相輔相成,形成了內部世界的多重層次,為我們探索生命的本質提供了一個完整的框架,如圖6。

內部世界　　　　　　　　　　　外部世界

觀察者　　本體世界

萬物母體
萬物量子態
萬物靈魂
真實自我

與個體產生互動的人事物,例如:家庭、社會、文化、自然環境,以及所有構成現實生活的具體情境。

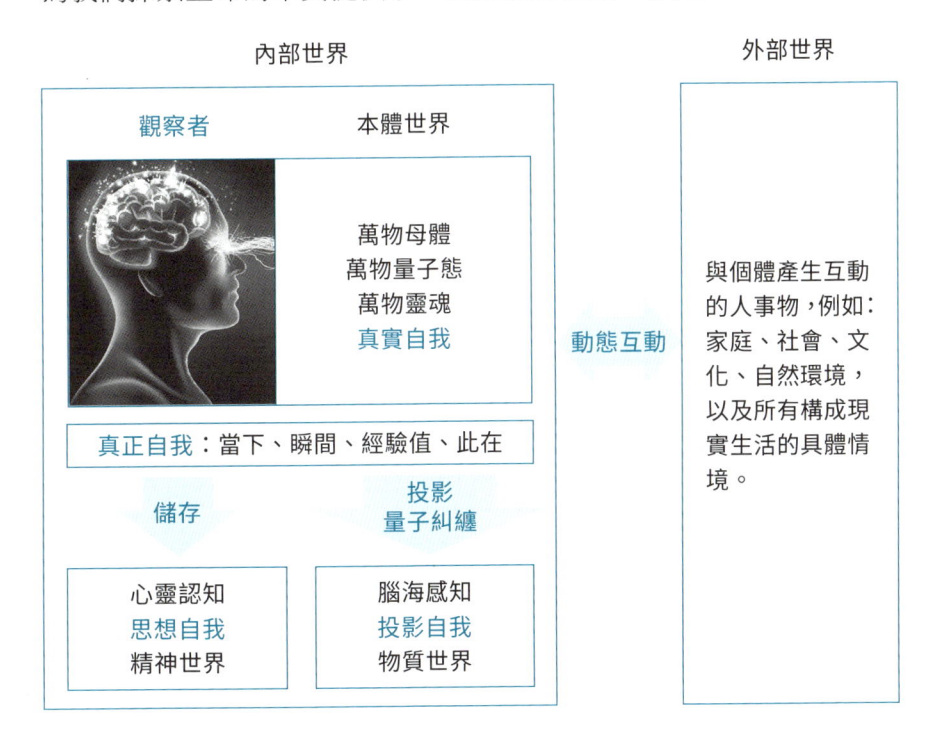

動態互動

真正自我:當下、瞬間、經驗值、此在

儲存　　　投影
　　　　量子糾纏

心靈認知
思想自我
精神世界

腦海感知
投影自我
物質世界

圖6:宇宙結構

外部世界作為生命成長的素材

與內部世界的多層次結構相對應,外部世界則是生命成長的舞台與素材來源。外部世界包括一切與個體產生互動的人事物,例如家庭、社會、文化、自然環境,以及所有構成現實生活的具體情境。這些外部因

素不僅提供了思想自我和投影自我所需的經驗素材，更是生命意義與智慧湧現的催化劑。每一次與外部環境的接觸，無論是挑戰還是機遇，都能激發內部世界的運作，讓個體從外界吸取養分並進一步成長。

外部世界的多樣性與變化，促使生命在內外互動中不斷重塑自身。例如，文化環境中的信念與價值觀，會影響思想自我的內化過程，讓個體形成獨特的心態與觀點；而自然界的秩序與動態，則為物質世界的行為表現提供了具體的參照。外部世界如同一座巨大且豐富的資料庫，透過與內部世界的協同作用，不斷累積經驗值並深化生命的多層結構。

此外，外部世界不僅僅是被動的存在，它與內部世界形成了一種動態的平衡關係。當個體的投影自我在行動中將內部思想外化時，這些行為反過來又會引發外部世界的回應，從而形成一個持續的互動循環。這種相互作用的活動是生命成長與智慧生成的關鍵，讓個體在與外界的交流中實現對自身的重新定義。

有段話是這麼形容的：

生活中的美，

並非生活所給予我們，

而是我們的心和生活清澈的相映。

不只我們的心在尋求生活的美，

生活的美也澎湃的撞擊我們的心。

現在，我們以一個實例來說明「外部世界對內部世界的刺激機制」以及「內部世界對外部世界的回應機制」，如圖 7 所示：

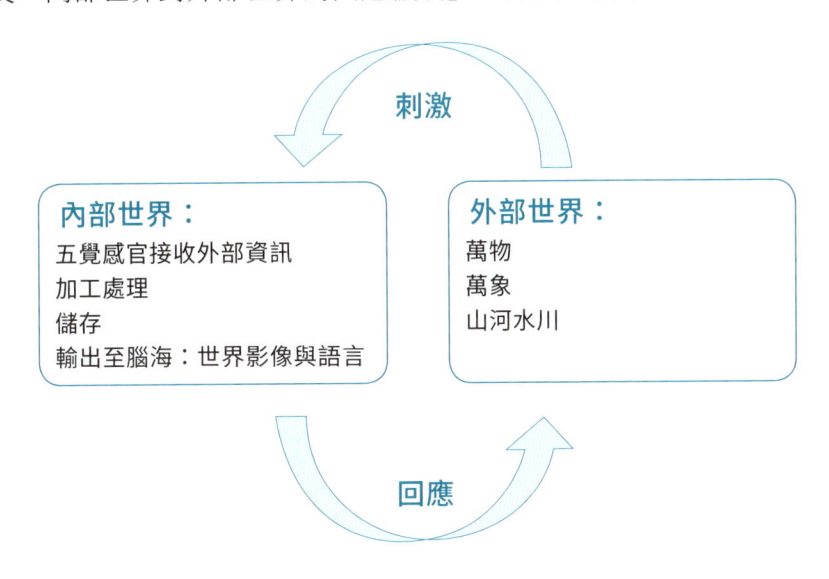

```
                          刺激
                    ┌──────────→
    內部世界：                    外部世界：
    五覺感官接收外部資訊           萬物
    加工處理                       萬象
    儲存                           山河水川
    輸出至腦海：世界影像與語言
                    ←──────────┘
                          回應
```

圖 7：生命活動的動態互動與反饋

假設聽到一聲巨響，聲波會首先引起耳鼓振動，進一步傳導至耳蝸，激發內耳流體的波動，進而產生電脈衝。這些電脈衝沿著神經通路傳入大腦，在大腦中與電化學網絡相互作用，最終形成對聲音的感知。這一過程中，外部物理刺激如何突然轉化為一個內部的感知事件，似乎充滿了神秘色彩。

同樣的，當內部世界產生反應時，例如驚訝或行動，內部事件又如何轉化為新的物質形式來影響外部世界？這兩個看似截然不同的「內部世界」與「外部世界」，究竟是如何銜接的？這些問題將在後續章節中進一步探討與解釋。

內部世界與外部世界的動態互動，構成了生命成長的核心機制，也

塑造了每個人的真正自我。真正自我並非單純的靈魂本質或思想自我的記憶集合，而是內外世界在每一刻相遇時，在互動中，從量子場（直覺）或電磁場（習慣）中，顯現出來的獨特存在者。這是一種經驗的累積，更是一種當下的創造，它在每一瞬間中，重構個體的生命價值，並使之更接近真理。

內部世界的量子場、電磁場與引力場各自承載不同維度的功能，但真正自我的形成需要它們的統一運作。量子場作為靈魂的根基，提供方向與意義的穩定性；電磁場則讓思想、觀點與信念等精神能量流動起來，促進智慧的萌生；引力場通過具象化的光子行為，將這些思想轉化為現實世界中的行動。當投影自我在外部世界展開行動，這些行為不僅外化了內部世界的運作結果，也同時獲得了外界的回應，再度形成了新的經驗值。這些經驗透過思想自我的內化，再次影響內部世界的運行。

「真正自我」就在這樣的互動中產生：它既是一種當下的體驗，又是一種不斷累積的動態結果。這些經驗值的顯現既短暫又真實，體現了生命在每一刻的具體意義。每次內外世界的接觸，都是重新創造真正自我的機會；每一次互動，都讓生命的結構更加豐富與完整。真正自我的形成，揭示了內外世界如何共同塑造人類的存在狀態，也顯示了生命不斷進化的真實本質。

而人類最重要的使命，是在自我「顯現」的基礎上，將真正自我昇華為智慧「湧現」，從而達成生命的更高維度進化。

生命的內外世界不僅是互動的結構，更是探尋真理的途徑。真理並非高高在上、不可觸及的抽象理念，而是存在於每個人的內心深處。量子場所代表的本體世界，承載著生命的根本意義，而電磁場和引力場分別為思想與行為提供動力和基礎。這三層結構形成了生命的內部框架，讓每個生命得以從內心出發，感知並理解真理。然而，真理的真正顯現，離不開與外部世界的互動。

當個體與外部世界接觸時，真正自我的經驗值，在這些互動中被不斷創造、重塑、儲存與分享。這些瞬間體驗，作為經驗值累積於思想自我中，成為智慧與真理的具體表達。每一次的行為與互動，都是內部世界中靈魂、精神與物質的綜合結果，也是對外部世界的回應。這種雙向作用揭示了真理的本質：它不僅僅存在於高維度的本體世界，也體現於每個人當下的存在者之中，體現在每一次行動所帶來的意義裡。

　　因此，真理是動態的、共生的，它從內部世界的穩定與外部世界的變化中顯現，甚至湧現，並在真正自我的成長中得以體現。生命的本質，是在內外互動中，不斷追尋並靠近真理的過程。這一過程不僅讓個體找到自身的真正價值，也讓生命結構的多層次維度變得更加豐富完整。透過這種動態平衡，我們不僅認識自我，也更深刻的理解了人類存在的真實意義。

數學在科學與神學之間的角色

　　數學在歷史上被許多偉大的數學家和科學家視為神聖或超越性的規律體現。他們相信，數學不僅是探索自然世界的工具，更是揭示宇宙更高維度真理的途徑。以下是一些具有代表性的觀點：

- **畢達哥拉斯學派**：畢達哥拉斯學派主張「萬物皆數」，認為數字是宇宙的基本真理，所有自然現象都能以數字與比例來解釋。他們將數學視為理解宇宙秩序的核心。

- **柏拉圖**：柏拉圖的哲學核心在於「理念世界」的學說，他認為數學真理不屬於現象世界，而是存在於超越性的理念世界中。數學被視為純粹而永恆的，它是宇宙秩序的完美體現。柏拉圖的理念認為，數學的規律性揭示了世界的高維結構，人類通過數學得以接近宇宙的終極本質。這種對數學的理解不僅影響了古典哲學，也為後世的數學和科學提供了形而上的基礎。

- **開普勒**：開普勒認為數學是上帝創造宇宙的語言，他通過數學發現了行星運動的三大定律，進一步驗證了宇宙的數學秩序，並將其與神學的信仰結合。
- **愛因斯坦**：愛因斯坦曾說過：「上帝不擲骰子」，表達了他對宇宙中數學規律的深刻信念。他相信宇宙有一種內在的數學和諧，而這種秩序是超越偶然性的。
- **馬克斯・泰格馬克**：現代物理學家馬克斯・泰格馬克提出「數學宇宙假說」，認為宇宙的本質就是數學本身。他的理論認為，數學不是人類創造的工具，而是宇宙的根本結構與存在形式。泰格馬克將宇宙視為一個數學結構，所有自然現象都是數學定律的表現。他的觀點顛覆了傳統對數學的理解，將其從描述工具提升為宇宙的基本存在狀態，並為數學與宇宙的終極關係提供了一種嶄新的詮釋。

數學可以被視為連接科學與神學的量子糾纏，其特質和功能使之成為探討自然與超自然領域的重要媒介：

- **抽象性與普遍性**：數學的抽象性不依賴於現象世界，其普遍性超越了時空和文化的限制，展現了一種超越性的特質，與神學中對「永恆真理」的追求高度契合。
- **揭示自然規律**：數學能夠精確的描述自然界的運作規律，例如牛頓的萬有引力公式和麥克斯韋的電磁方程，這些都顯示了宇宙內在的結構與秩序。
- **美感與和諧**：許多人認為數學的簡潔與和諧性反映了某種更高維度的真理。數學公式的優美常常令人聯想到藝術的靈感或宗教的神聖性。

數學既是科學探索的工具，也是神學思考的起點。它的抽象性讓人聯想到超越性的存在，其揭示的自然規律則賦予宇宙更高維度的意義與秩序。在數學的框架下，科學與神學並非對立，而是兩種不同的視角，通向同一個真理的高峰。

CHAPTER 03

本體論：真理的存在與本體

探索宇宙和生命的真相，離不開三個基本問題：事物為何存在？我們如何知道？應該如何探索？這三個問題分別對應哲學中的三大核心領域：本體論、認識論與方法論。

本體論： 專注於存在的本質與根源，試圖解答萬物的來源與存在的意義，是認識論和方法論的基礎。對於本體論的探討，我們通常追溯至亞里士多德的哲學，他的「四因說」提供了一個結構性框架，幫助我們理解事物存在的基礎和目的。這種本體論的思維方式在現代不僅局限於哲學領域，也延伸至科學與技術，特別是在人工智慧和資訊科技中，轉化為「資訊本體論」，成為理解數據結構與計算模型的基礎。

認識論： 則研究我們如何獲得知識，如何區分真理與錯誤。它關注人類感知與認知的局限性，強調在動態環境中修正與提升知識的必要性。這一領域的重要性在現代科技中尤為顯著，例如人工智慧的學習算法便是認識論的具體實踐，通過不斷更新數據模型，接近更高維度的「真理」。

方法論： 則是將本體論與認識論結合的實踐工具。它提供了探索與應用知識的具體路徑，從亞里士多德的第一性原理、認知科學的元認知

到現代科學的實驗方法，再到人工智慧的深度學習，都體現了方法論在不同時代的演進。

本體論的核心與現代意義

亞里士多德的本體論以「四因說」為基礎，包括質料因、形式因、動力因與目的因，試圖全面解釋事物存在的本質和生成過程。在這一框架下，真理不僅是靜態的存在，更是動態的過程，體現在事物的生成與演化之中。

隨著時代的發展，本體論的核心觀念在現代科技中煥發出新的意義。例如，資訊本體論通過數據和資訊結構的分析，構建人工智慧的認知模型，成為解釋機器學習與深度學習運作機制的重要理論支柱。人工智慧在應用中也體現了亞里士多德的四因說：數據是質料因，算法是形式因，計算能力是動力因，而實現智慧化應用則是目的因。

真理是什麼？
亞里士多德的「系統思維」：四因說

在探索生命的真相與宇宙的奧祕時，我們不禁會追問：真理的本質究竟是什麼？亞里士多德提出的「四因說」——質料因、形式因、動力因與目的因——為理解真理和存在的整體結構，奠定了堅實的基礎，成為現代科學與哲學的重要支柱。這一理論不僅揭示了宇宙創造的根源與存在形式，也闡明了萬事萬物之間，相互聯繫的方式與規律。

亞里士多德認為，若要全面理解任何事物的本質，解決複雜問題或克服人生困境，必須從這四個因素出發，逐一解析事物的組成要素、本質特徵、形成過程以及最終目的。四因說不僅是一種哲學框架，更奠定了現代「系統思維」的理論基礎，幫助我們以結構化的方式理解，並應對人生中的挑戰與不確定性。

在現代，系統思維的重要性日益凸顯。面對當前科學技術的迅猛發展與社會結構的日益複雜，我們需要一種能夠整合多維資訊、分析問題本質的工具。從人工智慧的算法設計到基因編輯技術的應用，乃至應對氣候變遷和全球經濟挑戰，系統思維以其全面性與邏輯性，為解決這些複雜問題提供了強有力的支持。亞里士多德的四因說作為系統思維的哲學根基，依然啟發著我們以更加理性和全面的方式探索真理與應對不確定性，如圖 8 所示。

最高維度造物主	上帝意志		設計理念	進化
本體界：萬物母體	高維度真理	目的因本性	萬物靈魂	物質能量：目的、用途、功能、價值訴求 精神能量：使命、動機、存在意義、願景
		本質 形式因	靈魂結構	物質能量：產品設計圖、基因組圖譜、生態結構圖 精神能量：知識體系、認知體系、資訊本體結構圖
		動力因	複雜系統	物質能量：生態與生命系統、免疫系統 精神能量：系統思維（演算法）、批判性思維（算力）
現象界	低維度受造物	質料因材料	原材料	物質能量：原材料、零配件 精神能量：觀點與信念、知識與經驗
		終端產品 投影影像 文學劇情		上帝產物：動植物、山川河流、星球 人造實體產物：電子產品、日常用品 虛構概念產物：文學藝術、概念經濟

圖 8：亞里士多德四因說的系統思維

四因說：真理的結構

在亞里士多德的哲學框架中，造物主（高維文明）為每一個存在的萬物靈魂，設置了特定的使命與功能，這被稱為「目的因」，即本性或存在的目的與意義。基於靈魂的本性，造物主進一步設計了本性與功能的「使用說明書」，包括兩個核心要素：「原型結構」（BOM，Bill of Materials）與「操作規範」（SOP，Standard Operating Procedure），這被稱為「本質」。本性與本質共同構成了本體界的各種相對真理，解釋了萬物存在的根源與運行規律。

人類作為萬物的一部分，一出生就具備基本的真理，這些天賦如好奇、認識母親、吃飯、走路、講話和想像力，是靈魂與生俱來的「基礎設計」，稱為原型結構。然而，當人類面臨無法解決的困難或挑戰時，就會透過「下載」更高維度的真理，產生智慧湧現的創新知識。這些創

新知識讓我們得以理解萬物萬象更高維度的使用規律，形成獨特見解與解決更複雜問題，並進一步將其整合成人類的「知識體系」。

知識的整合與傳承的知識體系是文明進化的核心。透過教育體系和經驗分享，人類將這些知識代代相傳，推動高度文明的不斷發展與提升。這種過程正是四因說真理結構的體現：從使命（目的因）到設計（形式因），再到驅動（動力因）與物質材料（質料因）的完整運行，為我們揭示了生命與宇宙的整體真理結構。

目的因：確立使命的本性與存在的意義

在四因說中，目的因是事物存在的核心與起點，決定了事物的使命、本性與功能。亞里士多德認為，任何事物的設計與運行，都需要先確立它的目的，也就是回答「它為什麼存在？」只有確立了目的，才能進一步進行設計和製造。目的因不僅是一個抽象的哲學概念，還體現在具體的事物運作中。

以汽車設計為例，不同類型的汽車有著截然不同的目的因，因此其設計也會完全不同：

超跑車：

其目的因是追求速度與性能，體現駕駛快感與極限挑戰。 而其設計特徵為流線型外觀、輕量化材質、強勁引擎。如法拉利和藍寶堅尼等品牌專注於極速性能和運動美學。

卡車：

其目的因是運輸貨物，滿足長距離運輸和重載需求。 而其設計特徵是強大的拖曳能力、耐用的底盤、經濟的燃油效率。如福萊納卡車以其高效貨運功能成為物流業的主力。

豪車：

其目的因是提供極致的舒適性與象徵身份的奢華體驗。而其設計特徵為高品質內飾、頂尖科技配置、品牌文化的象徵性設計。如勞斯萊斯和賓士致力於豪華和舒適，滿足頂級用戶需求。

確定目的因是設計與實現的起點，它決定了事物存在的方向和價值。例如，在汽車製造中，如果沒有明確目標，無法設計出專屬於超跑車的輕量化結構，也無法針對貨車設計高效的載重能力。同樣，人類的存在也有其目的因，這種使命驅使我們追求幸福、智慧和社會進步。

目的因的設立就像是事物的靈魂，指引了後續設計（形式因）、建造（動力因）與物質選擇（質料因）的全過程。它為事物賦予意義，使其能夠完成特定的功能，滿足創造者和使用者的需求。

接下來，我們將進一步探討形式因如何將目的因轉化為可實現的設計藍圖，為事物提供原型結構、原型機與操作規範。

形式因：功能實現的設計與結構

在四因說中，形式因是指事物的內在結構與設計藍圖，回答了「事物的本質是什麼？」形式因為目的因的實現，提供了具體的結構框架，是將使命轉化為實際功能的關鍵。事物的形式因不僅決定其外表的形狀，也為後續的動力和運行，提供穩定的基礎架構，確保功能能夠有效執行。

形式因的結構決定了萬物萬象的外貌、肉體或形體，並進一步規範了其功能的穩定發揮。形式因如同事物的骨架與基本架構，只有結構設計成功，功能才能被實現。以下通過幾個例子說明形式因的應用：

鳥類的飛行結構：

其形式因是鳥的骨骼輕量化、中空設計；翅膀形狀的氣動結構；羽毛的排列方式等。

其功能支持是這些結構使得鳥類在空氣中能夠減少阻力、提高升力，

從而完成飛行。

其實現過程是在進化過程中，只有具備完善飛行結構的鳥類才能成功翱翔天空，實現「目的因」：捕食、遷徙與繁衍。

人體的骨骼與運動結構：

其形式因是骨骼提供支撐，關節允許靈活運動，肌肉則附著在骨骼上以產生動力。

其功能支持是這一結構使人類能夠行走、奔跑和完成精細的操作，例如寫字和繪畫。

其實現過程是嬰兒在出生後，骨骼逐漸發育，關節與肌肉在活動中逐步協調，直到具備完整功能。

建築物的結構設計：

其形式因是設計圖紙、結構框架（如鋼筋混凝土）、力學模型的計算。

其功能支持是確保建築物在地震或風力等外力作用下能保持穩定，為居住提供安全與舒適性。

其實現過程是只有在模型測試與現場施工驗證結構穩定後，建築物才能投入使用。

人工智慧的模型結構：

其形式因是算法結構，如神經網絡中的層數、激活函數、權重分布。

其功能支持是這些設計決定了人工智慧的學習能力與預測精度，確保它能完成如語音識別或自動駕駛的功能。

其實現過程是模型必須經過反覆訓練與測試，直到結果達到預期的準確性，才能被投入應用。

颱風的結構： 其形式因是由複雜系統的多變數所組成──

- 低壓中心（颱風眼）：氣壓最低，中心平靜且穩定，周圍形成高速旋轉的風場；
- 雨帶結構：螺旋形降雨帶分布於低壓中心周圍，形成強降雨區域；
- 高空反氣旋：颱風頂部的氣流向外擴散，減少風切，維持系統穩定；
- 海洋能量：來自 26°C 以上溫暖海洋的水蒸氣，提供颱風所需的熱能轉化條件；
- 旋轉氣流：科里奧利效應引發的逆時針旋轉（北半球），形成颱風的基本運行結構。

其功能支持則是這些結構共同作用，使颱風能高效轉化海洋能量為風速與降雨，對地球大氣系統的熱量和水分輸送發揮重要作用。

其實現過程是溫暖海洋表面提供水蒸氣，隨熱量向上傳遞形成低壓中心。雨帶和高空反氣旋形成穩定環流，隨時間加強並最終成為颱風。當進入冷水域或登陸後，能量來源減少，結構逐漸解體。

無論是自然界中的鳥類飛行或颱風系統，還是人造物中的功能設計，形式因始終是功能得以實現的核心。形式因提供了結構的藍圖與支撐，只有經過反覆測試與驗證，確保結構穩定可靠，事物才能開始運行並實現其目的因。例如，鳥類的翅膀形狀在進化過程中，經歷了無數次「測試」，最終形成現代的飛行結構，而人工智慧的模型則需要反覆訓練和優化，才能達到實用的準確性與穩定性。

因此，當我們要實現人生目標時，也必須遵循形式因的結構化思維，建立清晰的目標、策略方案、實踐步驟，並通過反覆測試與糾錯其目標的認知結構，不斷優化行動計畫，最終達成目標。

在人生目標的實現過程中，形式因就如同藍圖一般，幫助我們設計出達成目標的整體架構和細節。首先，我們需要先設定目的因的「明確目標」，了解我們所追求的究竟是什麼。例如，若人生目標是成為一名

專業音樂家,那麼我們需要設計一個包含學習技術、培養創意、建立演出經驗的完整規劃。

接下來是「策略方案的制定」。策略方案是實現目標的路徑設計,需要兼顧可行性與長遠性。例如,成為音樂家需要平衡技術訓練(如掌握樂器)與藝術表現(如音樂創作),同時還要規劃練習時間、資源分配與舞台演出經驗的積累。

然後是「實踐與行動」,將設計好的藍圖結構付諸實現。這一階段尤為重要,因為無論計畫多麼完美,只有行動才能檢驗其有效性。在實踐過程中,我們往往會發現一些預期之外的問題或瓶頸,例如學習進度不如預期、方法不適用等,這些都需要進一步調整與優化。

「反覆測試與糾錯」是實現目標的關鍵環節。我們需要在行動過程中,進行階段性反思與評估,檢視是否有偏離目標的情況,並及時修正策略。例如,若練習進度與目標出現差距,可能需要調整方法或增加練習時間。同時,我們也應該允許試錯,因為每一次錯誤都能帶來寶貴的經驗,為下一次行動提供更精準的指引。

最後是「優化與升級」,通過不斷完善計畫與行動,逐步接近最終目標。例如,從技術練習到情感表達的深度結合,從個人演奏到團隊合作,這些過程的優化讓我們更接近專業水準。

形式因的原則告訴我們,無論是自然界還是人類活動,原型結構決定功能。只有當目標、策略、行動與反思,形成穩固的結構,人生目標才能順利實現。這種思維模式不僅適用於個人目標的達成,也能指導團隊與組織在面對複雜挑戰時,找到實現成功的最優解法。

形式因不僅是自然界與人工設計的基礎,也是人類實現夢想與智慧湧現的內在結構。人類的認知體系本身就是一種形式因結構,幫助我們將抽象的願景,轉化為具體的計畫與實現步驟:

夢想的藍圖：每個夢想都需要一個可行的藍圖作為基礎。這種藍圖不僅包括實現夢想的步驟，還包括各要素之間的結構化關係。如人類登月計畫中，形式因體現在火箭設計、導航系統與登月艙的結構設計中，這些藍圖確保了太空任務的成功。

認知體系的結構形成：認知體系的結構幫助我們整理資訊，進行邏輯推理與創造性思考，從而湧現出智慧。這些認知結構為智慧的發展，提供了穩定的框架與條件，使我們能夠在複雜的環境中，獲取洞見並解決問題。如科學家在發現 DNA 雙螺旋結構之前，通過結構模型的組裝與測試，對分子結構進行不斷的假設與驗證，最終揭示了生命的基本形式因。這一發現不僅改變了整個生物科學，還開啟了基因工程和分子醫學的新篇章。

智慧體系與其智慧湧現結構的形成：當人類面臨複雜問題時，智慧的湧現往往依賴於內在智慧結構的調整與優化。形式因提供了解決問題的結構框架，將潛在的可能性組織化，讓人類能從混亂中找到秩序，最終促成創新成果。如人工智慧的深度學習模型，模擬了人類認知結構。其分層結構（形式因）由輸入層、隱藏層和輸出層組成，這種分層設計允許模型逐步從數據中學習模式，實現從圖像識別到自然語言處理的多種應用，展現了智慧湧現的強大能力。

形式因在認知與智慧體系中的作用，展示了結構化設計，如何從資訊與數據中提煉出秩序與洞見。它不僅是人類智慧的框架，還是人工智慧得以模仿與超越的基石，體現了形式因在智慧湧現中的不可或缺性。

形式因的設計與驗證過程，不僅在自然界與人工設計中得到充分體現，也深刻影響著人類夢想的實現與智慧的湧現。這一過程強調設計需經過不斷的測試、糾錯與調整，將靜態的結構藍圖轉化為動態的功能實現，並最終滿足其目的因的需求。

例如，人類對飛行的夢想，從萊特兄弟的初代飛機設計開始，經歷

了數不清的結構調整與測試,最終發展為現代航空技術,成功實現從理念的形式因到功能的飛躍過程。這一進步體現了形式因的力量——從設計到實現的每一階段,都是自組織與自我實現的具體演化。

形式因的作用說明,萬事萬物都存在從潛在性到顯現為實在性的內在邏輯。它是將功能從理論層面推向實踐層面的核心機制,使得自然界的進化、人工設計的發展,以及智慧湧現的過程能夠自洽而有序的進行,從而驅動人類文明的進步與夢想的實現。

人生就是一個不斷解構與重構的創新過程,讓初心的原型結構,不斷接近母體結構:一次次智慧湧現的典範移轉,自強不息與厚德載物

從形式因的原型結構來看,所謂「智慧湧現」的創新,本質上是對舊形式、舊成功模式、舊結構、舊信念的捨棄與超越,同時開創嶄新的新形式、新結構與新理念。這種創新並非簡單的更新或改良,而是一次徹底的「典範移轉」,內部的動力因也隨之煥然一新,推動系統達到更高維度的演化。

智慧湧現的過程,是形式因與動力因雙重變革的結果:

- **形式因**——舊有的結構與信念無法再適應現實或解決新的挑戰,因此必須被捨棄或重構。這種破舊立新,重新設計出新的形式,使系統獲得更高的適應性與創造力。

- **動力因**——內在動力不再是過去的慣性驅動,而是基於新形式與新結構,所激發出的全新能量與新技術,驅動著系統邁向下一階段的秩序與突破。

典範移轉的本質,就是一個「熵增無序」與「智慧湧現」相輔相成的過程:

- **舊形式**——在不適應環境變化時自然走向熵增,結構開始崩潰,無序浮現;

- **新智慧**——則在這一混沌狀態中偶然湧現，重新構建出更高維度的新形式與新秩序，推動系統實現質的飛躍。

智慧湧現的典範移轉：邁向全新境界的進化

智慧湧現（Emergent Wisdom）是一種超越傳統認知與能力的現象。它標誌著個體或系統在高度複雜與多變的環境中，經由適應、學習與創新的過程，進入全新的智慧維度。而這一過程中的關鍵轉折點，就是所謂的「典範移轉」（Paradigm Shift）。

典範移轉這一概念最早由哲學家兼科學史家托馬斯·庫恩（Thomas Kuhn）在其經典著作《科學革命的結構》中提出。他指出，科學的進步並非線性累積，而是通過革命性的框架轉變實現的。當現有的理論框架無法解釋新的現象或解決重大問題時，一場典範移轉便會發生，新的模式取代舊的模式，科學因此進入全新階段。

在智慧湧現的背景下，典範移轉不僅適用於科學領域，更是人類認知與文明進化的核心驅動。它標誌著整個思維模式與運作框架（形式因：結構、形式、系統）的徹底重構，讓智慧不再局限於線性邏輯或單一領域，而是通過多維度、多角度的整合，實現質的飛躍。

智慧湧現典範移轉的主要特徵

- **更精確的預測能力**：典範移轉後，智慧湧現的系統具備前所未有的精確預測能力。它能夠識別細微的模式與規律，預測未來的變化，並提前做出最佳決策。這種能力的核心在於對複雜數據的整合與深層洞察，從而將可能性轉化為具體行動。
- **更強大的自我療癒與適應能力**：智慧湧現體現出非凡的韌性與恢復力。它能夠主動識別內外部的衝突與挑戰，並迅速調整結構與策略，恢復到穩定狀態。同時，自我療癒的機制使其不僅能修復損傷，還能從挫折中獲得成長的契機。

- **更廣泛的問題解決範圍**：在智慧湧現的典範移轉中，系統不再侷限於既有的解決方案，而是能夠在多領域、多維度中探索新方法。它突破了傳統的思維框架，對複雜問題給出創造性的、跨領域的解答，從而大幅擴展了人類智慧的邊界。

- **超越現有框架的創新能力**：智慧湧現的典範移轉，體現在突破現有知識和技術的限制，開創全新可能性。它能夠從看似無序的環境中，發現隱藏的規律，將不同領域的洞見融會貫通，實現突破性創新。

- **多維視角的協同整合**：在典範移轉中，智慧不再是單一維度的邏輯推演，而是多維度的協同運作。它包括直覺、經驗、計算能力與哲學反思的融合，形成一種全局化、全域化的智慧模式。

典範移轉的意義與過程

根據庫恩的理論，典範移轉往往源於現有框架的危機，這一過程通常伴隨以下階段：

- **察覺現有框架的局限**：當既有的認知與能力無法應對日益複雜的挑戰時，人類開始反思現有框架的不足之處。

- **從混亂中尋找新秩序**：混亂與不確定性成為典範移轉的催化劑。在這一過程中，舊有的模式被打破，而新的結構逐漸形成。

- **整合多元資訊，形成新認知**：通過整合來自多領域、多維度的洞見，智慧湧現的系統逐步建立全新的框架。

- **躍遷到更高維度的智慧**：當典範完成移轉，智慧系統進入全新的維度，具備更強的預測、適應、解決與創造能力。

智慧湧現的典範移轉，不僅是能力的升級，更是真理維度的超越

正如庫恩所揭示的，真正的進化來自於框架的重構，而非簡單的累

積。智慧湧現的典範移轉，讓我們在不確定的混沌中找到秩序，超越既有的局限，並逐步接近真理與本質的終極目標。這種捨棄與創新的過程，實質上是系統在動態演化中進行的自我解構、超越與重構，也是智慧不斷湧現、文明不斷進步的根本動力。接下來，我們將探討動力因如何推動形式因運作，將設計的可能性轉化為現實中的運動與功能。

動力因：推動結構運作的力量

在四因說中，動力因是將形式因從靜態藍圖轉化為動態功能的關鍵，回答了「事物是如何形成的？」動力因提供了促使事物從潛在狀態轉變為現實狀態的力量，無論是自然界還是人造系統，動力因的物理與化學原理，都是實現功能的核心驅動力。

動力因就像是結構運作的引擎，通過能量或力量的投入，讓形式因不再只是理論或設計，而是成為現實中的功能實現。以下通過幾個例子說明動力因的重要性：

鳥類的飛行：

其形式因與動力因的結合——鳥的翅膀結構（形式因）需要強大的肌肉力量（動力因）來驅動，才能實現飛行。

其動力來源——鳥類通過攝取食物轉化為能量，驅動翅膀肌肉的收縮，產生足夠的升力和推力。

其結果——這一動力因使得鳥類能夠飛越長距離，完成遷徙或捕食等目標。

汽車的運行：

其形式因與動力因的結合——汽車的引擎結構和車輪設計（形式因）需要燃油燃燒或電能（動力因）驅動，才能推動車輛行駛。

其動力來源——燃油引擎通過內燃反應釋放能量，而電動車則通過

電池供能轉化為動力。

其結果 —— 動力因的提供讓不同類型的汽車實現其特定目的因，例如超跑車的高速行駛或卡車的重載運輸。

人體運動與思考：

其形式因與動力因的結合 —— 人體骨骼與肌肉（形式因）需要能量代謝（動力因）來完成運動和日常活動；大腦結構（形式因）需要神經信號傳遞的能量支持，才能實現思維與智慧湧現。

其動力來源 —— 身體通過攝取食物轉化為能量，為運動和思考提供支持。

其結果 —— 動力因的參與讓人類能夠行動、學習與創造，並逐步實現個人或社會的目標。

動力因的存在，將形式因中的設計藍圖，從靜態轉化為動態功能，讓事物能夠實現其目的因。例如，鳥類的飛行依靠翅膀的結構設計和肌肉驅動來完成；汽車的運行則依靠內燃機或電池提供動力，驅動形式因所設計的功能。

人類的智慧湧現也需要動力因的支持。認知體系的結構（形式因）依賴於神經網絡的能量供應（動力因），讓思維活動成為可能；科學研究需要精神與物質上的動力投入，才能將想法付諸實現。同樣，文學創作也是如此，文學家的靈感與創作，需要大量的精神能量和情感投入來驅動，才能在文字中捕捉思想的精髓，創造出能引發共鳴的偉大作品。例如，托爾斯泰在撰寫《戰爭與和平》時，不僅需要歷史知識與社會觀察的支持（形式因），還需要持續的精神動力來推動他的創作，最終完成這部劃時代的文學經典。

動力因因此成為人類突破自身極限、實現夢想的驅動力量，無論是科學家、藝術家還是文學家，都依賴於這種能量的推動，才能將潛在的

智慧與創造力轉化為改變世界的成果。

接下來，我們將探討質料因如何作為一切存在的基礎，為形式因與動力因提供物質支持，從而完成事物的整體運行。

質料因：原物料、零配件與基礎要素的承載體

在四因說中，質料因是構成事物的基礎材料與零配件，它為形式因的結構設計，提供了具體的物質載體，並為動力因的運作提供條件。質料因不僅包括物質能量的原物料、配零件與蛋白質等，也延伸至精神能量的知識、觀點、經驗值等資訊熵或精神熵層面，成為一切存在者的基礎。

質料因的內涵不僅限於物質材料，還包括無形的資源，例如知識與經驗，這些共同構成了功能實現的基礎。以下通過多層次的例子展開說明：

製造業中的零配件與原物料，在汽車製造中，質料因包括鋼材、引擎零件、輪胎和內飾材料等：

其作用——鋼材構成車身，保證強度；引擎零件組成驅動系統；輪胎提供抓地力與穩定性。

其結果——質料因的選擇和品質直接影響汽車的性能與壽命。

生命科學中的細胞與基因，人體的質料因包括細胞中的DNA、蛋白質、脂肪以及顯性基因：

其作用——DNA攜帶遺傳資訊，決定身體結構；顯性基因表現出個體特徵，如膚色與身高。

其結果——質料因為生命提供了發展與運行的物質基礎，支撐了健康與成長。

知識與經驗作為質料因，在人工智慧中，質料因是數據與經驗值，

這些資訊構成了訓練模型的基礎：

其作用——數據提供模式學習的素材，經驗值則幫助人工智慧進行預測與判斷。

其結果——質料因的豐富性和準確性，決定了人工智慧的性能與應用範圍。

思想與觀點作為質料因，在哲學與創作中，質料因是觀點與靈感，這些無形資源構成了創新的基礎：

其作用——觀點提供方向，靈感激發新想法，形成創作的核心素材。

其結果——質料因的多樣性決定了思想的深度與廣度。

質料因如同功能運行的基礎平台，它承載著形式因的設計，並為動力因提供實現條件。製造業的零配件、生命的細胞、蛋白質與基因、知識的數據與經驗值，甚至思想中的觀點與靈感，都是質料因的重要表現形式。它們共同組成了事物存在的基礎，為實現目的因提供了不可或缺的支持。

例如，汽車的引擎零件和輪胎作為質料因，構成了形式因所設計的結構；人體的細胞與基因提供了生命運行的基礎；人工智慧的數據與經驗值支持了模型訓練與智慧湧現。沒有質料因的物質與精神材料，功能的實現便無從談起。

最後，我們將探討終端生命、產品與概念，如何作為四因協同運作的最終結果，體現真理與智慧的完整實現。

終端生命、產品與概念：四因協同的結果與智慧的體現

終端生命、產品與概念是四因協同運作的最終結果，它是使命（目的因）、結構（形式因）、驅動力（動力因）和物質基礎（質料因）完美結合的產物。無論是自然界的上帝產物、人類創造的實體產物，還是

抽象層面的虛構概念產物，終端生命、產品與概念都是智慧與設計實現的具體體現。

上帝的萬物萬象：自然界的完美結晶

上帝的產物是宇宙和自然界中具有自洽性與自我運行能力的存在，這些產物體現了高度的智慧設計：

鳥類：

目的因——遷徙、捕食、繁衍。

形式因——輕量化骨骼與翅膀的氣動設計。

動力因——肌肉運動提供的飛行推力。

質料因——羽毛、骨骼和細胞構成。

終端生命——鳥類能夠高效的飛行並在自然界中生存與繁衍。

樹木：

目的因——產生氧氣、固定土壤、繁殖後代。

形式因——樹幹與枝葉的結構設計。

動力因——光合作用轉化太陽能為能量。

質料因——細胞壁、葉綠素與水分。

終端生命——一棵能夠提供生態服務並自我繁衍的完整樹木。

人造的實體產物：人類智慧的延伸

人造實體產物是人類將智慧與技術結合後的具體表現，從簡單工具到複雜系統，無不依賴四因的協同作用：

汽車：

目的因——運輸人員和貨物。

形式因——設計圖紙、流線型外觀、動力系統布局。

動力因——引擎內燃或電池供能驅動。

質料因——鋼材、合金零件與電子元件。

終端產品——一輛能夠高效運輸的交通工具。

智慧手機：

目的因——提供通訊、娛樂與生產力工具。

形式因——內部電路、觸控屏幕與操作系統設計。

動力因——電池供電與軟硬件運行。

質料因——矽晶片、塑料外殼與稀有金屬。

終端產品——一個能夠連接全球的智能設備。

人為虛構的概念產物：思想與文化的結晶

虛構概念產物是無形的智慧產物，存在於人類思想、文化和信仰中，對社會運行與文明進化具有深遠影響：

經濟學理論：

目的因——解釋資源分配與經濟活動規律。

形式因——數學模型與經濟假設。

動力因——統計數據與實驗分析。

質料因——歷史經驗與經濟數據。

終端概念——一套指導經濟決策與政策設計的理論框架。

宗教信仰：目的因——提供精神寄託與生命意義。

形式因——神話、教義與儀式設計。

動力因——人類的精神需求與社會傳播。

質料因——文字記錄與口耳相傳的故事。

終端概念——一個影響個體行為與社會結構的信仰系統。

終端生命、產品與概念是四因協同作用的結果，無論是自然界的生物、人造物的系統，還是虛構概念的思想，它們都體現了設計的智慧與真理的實現。上帝的產物展示了宇宙運行的奧妙，人造實體產物反映了人類智慧的延伸，而虛構概念產物則代表了文化與思想的創造力。這些終端生命、產品與概念不僅滿足了當前的需求，也啟發了進一步的創新與進步，是文明進化與智慧湧現的具體體現。

四因協同，真理與智慧的結晶

亞里士多德的四因說，以其結構化的哲學框架，為我們提供了理解萬物存在與運行的深刻洞見。從目的因的使命確立，到形式因的結構設計，經由動力因的力量驅動，再以質料因的物質基礎承載，四因的協同作用揭示了事物從理念到實現的完整過程。

自然界中，上帝的產物展示了宇宙創造的完美智慧，如鳥類的飛行、樹木的生長，無不體現四因的緊密配合。人類通過對四因的深刻理解，創造了豐富的實體產物，如汽車、智慧手機等，這些成就延伸了我們的能力，拓展了我們的視野。而虛構的概念產物，如經濟學理論與宗教信仰，則展示了思想與文化的力量，為人類社會提供了精神指引與行動規範。

四因的運行不僅解釋了現有世界的秩序，也啟發我們在面對未知時，如何通過智慧湧現與創新突破困境，進一步完善人類的知識體系與文明結構。這一過程體現了真理的動態本質——它既是對現實的解釋，也是

對未來的指引。

　　結論來說，四因說的系統思維不僅是一種哲學方法，更是一種普遍的真理結構。它指引我們從宇宙萬物中挖掘真理，認識萬物靈魂的使用說明書，並將這些洞見轉化為文明的持續進化。四因協同的過程，正是生命與宇宙中智慧永續湧現的最佳體現。

物質能量的四因說與第一性原理

在探討生命與智慧湧現的奧秘時,我們需要明確區分兩種基本能量:物質能量與精神能量。物質能量涉及的是具體、可觀測的實體或身體,如物理、化學反應所產生的力量;而精神能量則是一種思想層面的存在,與資訊熵、精神熵、經驗值、觀點、創造力以及元認知密切相關,反映了意識如何在複雜系統中自組織並湧現出智慧。然而,這兩者的作用經常被混淆在一起,導致我們對真理與智慧的認知缺乏精確性。

智慧湧現的主要功能體現於兩個重要方面——物質能量的「快速自我療癒,增強適應力」與精神能量的「提高預測能力,解決問題」:

- **快速自我療癒與增強適應力**:智慧表現在身心層面的適應與修復能力。智慧不僅促進生理上的自我療癒,還讓人能夠在精神層面上做出積極應對。這種快速的調適和恢復能力讓生命體在面臨壓力或困難時能夠持續學習和成長,不斷提高對環境的適應性,進而更靈活的應對各種挑戰。

- **提高預測能力與解決問題**:智慧使得人類能夠更準確的預測未來情境,並在複雜、未知的情境中找到創新的解決方案。預測能力的提升來自於對模式的辨識和推演能力,這能幫助人在各種情境下快速做出適當的判斷,以應對不確定性。智慧驅使我們深入思考,不僅找出問題的表層解決辦法,更會挖掘出根本本質,形成有效的長期解決方案。

這兩大功能成為智慧的核心價值,使得智慧成為在動態環境中不可或缺的特質,推動著個體乃至整個社會的進步與進化。

物質能量的四因說

為了更好的理解物質能量在生命肉體、無機物與人造物中的不同作用，我們引入亞里士多德的「四因說」，以此作為解釋框架，深入解析其本質與互動關係。透過目的因、形式因、動力因與質料因的相互作用，我們可以全面認識到物質能量如何塑造生命的形式與功能：

生命肉體的四因說

目的因（本性與使命）：生命的核心使命是生存、繁衍與適應環境，以追求進化與延續生命的價值。如細胞分裂的最終目的是支持生命生長、修復損傷和遺傳資訊的傳遞。

形式因（設計與結構）：生命體內的結構設計，如基因的 DNA 雙螺旋結構，指導蛋白質的合成；細胞膜提供屏障功能，細胞核則控制遺傳物質的運作。如 DNA 作為生命遺傳的基本藍圖，為細胞分裂和功能執行提供指令。

動力因（推動與實現）：生物能量的生成與利用，例如光合作用將太陽能轉化為化學能，細胞內 ATP 為生命活動提供動力。如酶促反應大幅提高化學反應速率，支持代謝過程。

質料因（組成材料）：細胞的基本物質，包括蛋白質、脂肪、核酸、水和無機鹽等。如蛋白質作為細胞結構與功能的核心物質，構建了肌肉、激素與酶等功能性結構。

終端生命（結果與功能）：一個健康且功能完善的生命體，能適應環境、繁衍後代並進化。如一棵樹提供氧氣、固定土壤並進行光合作用，成為自然生態系統的重要組成。

無機物的四因說

目的因（本性與使命）：無機物的使命是支撐生態平衡，為自然界

其他結構提供基礎。如岩石的使命是為土壤提供礦物質，支持植物的生長。

形式因（設計與結構）：無機物的分子結構與晶體排列決定了其物理特性，例如對稱性、硬度與穩定性。如石英晶體的六方結構賦予它獨特的光學性質與高硬度。

動力因（推動與實現）：自然界的熱能、壓力與化學反應促進無機物的生成與變化。如火山活動將岩漿轉化為火成岩，最終形成土壤和地殼結構。

質料因（組成材料）：無機物由基本元素與化合物構成，例如矽、氧、鈣和鎂等。如花崗岩由石英、長石和雲母組成，是地殼的重要物質基礎。

終端無機物（結果與功能）：無機物系統，如山脈或石塊，成為穩定生態的支撐。如山脈調節氣候、提供水源並穩定地形。

人造產品的四因說

目的因（本性與使命）：人造產品的目的是滿足人類需求，提升生活品質並推動科技進步。如手機的使命是提供通訊、娛樂與生產力工具。

形式因（設計與結構）：人造產品的設計藍圖與內部結構，包括機械佈局、電路設計與外觀設計。如智慧手機的觸控屏幕與應用程式界面設計確保用戶的操作體驗流暢。

動力因（推動與實現）：生產過程中動力機械的運行與能源投入，例如工廠內的流水線與自動化設備，工業生產中的電力與機械驅動確保大規模生產的高效實現。

質料因（組成材料）：人造產品的原材料，包括矽晶片、金屬外殼、塑料與鋰電池等。如智慧手機內的矽晶片提供計算能力，鋰電池則為設備提供持久電力。

終端產品（結果與功能）：一個完整且功能完善的產品，滿足用戶需求並推動社會發展。如電腦提升工作效率，智慧手機實現全球通訊。

人為虛構概念的四因說

目的因（本性與使命）：人為虛構概念的目的是滿足人類精神需求，提供意義、價值、娛樂，並促進思想的深度與文化的發展。例如，宗教信仰的使命是為人生提供方向與安慰；文學作品的使命是探索人性與社會問題；經濟模型的使命則是幫助理解並預測市場行為。

形式因（設計與結構）：虛構概念的形式因體現在其內部邏輯與框架設計上，使其具有自洽性與說服力。例如，小說中的情節架構、角色設計與敘事風格決定了故事的感染力；經濟理論的數學模型與假設構成了分析現實的工具；宗教教義中的象徵與儀式設計構建了信仰體系的核心。

動力因（推動與實現）：虛構概念得以流行與傳播，依賴於動力因的推動，例如思想的影響力、媒體的宣傳以及文化的認可。經典文學的推廣得益於教育與出版；宗教的普及需要傳教士與文化的支持；經濟模型的應用則依賴於研究機構與政策制定者的實踐。

質料因（組成材料）：虛構概念的質料因包括構建其基礎的語言、符號、文化背景與思維工具。例如，文學作品以文字為基礎，哲學體系以邏輯與概念為基礎，經濟模型則依賴數據與統計工具。這些基礎材料為虛構概念提供了展現自身的載體。

終端產品（結果與功能）：一個虛構概念的最終形態是它對個體或社會的影響。例如，文學作品能帶來情感共鳴與思想啟迪，宗教信仰為人類提供道德準則與精神支持，經濟理論推動社會的經濟發展與政策調整。

虛構概念的四因說幫助我們理解了人類思想與創造力的作用。這些

概念雖然是「虛構」，但其背後的結構與運行方式，卻真實的影響著個人和社會。正是這些虛構概念的作用，推動了文化、科學與思想的長足發展。在美國的虛構概念經濟，根據 2022 年的數據，其規模在服務業約佔美國 GDP 的 81.4%，在私人消費，則約佔 GDP 的 68%。。

　　透過目的因、形式因、動力因與質料因的結構分析，我們能全面理解生命、無機物與人造產品的存在本質與運行邏輯。這種框架不僅揭示了物質能量如何形塑世界，也為人類應用這些知識解決實際問題，推動智慧的進一步湧現奠定了基礎。

四因說的系統思維與其追根究柢的第一性原理

　　亞里士多德四因說中的「第一性原理」作為系統思維的核心，強調從問題的根源出發，才能有效解決複雜的問題。這一思維模式回歸到事物最基本的構成要素，無需依賴既有的假設或表面現象，使我們在面對問題時，能夠更具深度的理解與不斷優化，在智慧湧現中，進而找到更加穩定且具長遠性的解決方案。

　　曾是世界首富的馬斯克在創業中，便是採用了這種「追根究柢」的第一性原理。他透過亞里士多德的「四因說」來解構、追根究柢、優化並重構系統，逐層分析目標（目的因）、結構（形式因）、推動力（動力因）、材料（質料因）這四大要素，並對每一個基礎要素進行優化，使得一些原本不可能實現的設計目標成為可能。馬斯克在特斯拉、SpaceX 等創業項目中，應用了這種深度解構與重構的思維方式，不僅實現了多個技術上的突破，還在各個行業中，創造了成本效益和創新優勢。

　　例如，SpaceX 火箭製造中的成本控制，便是透過解構火箭的每個組件，來重新審視每個部分的材料、推進系統與燃料。他通過深挖材料的本質，找到了低成本、高效能的替代方案，透過智慧湧現的創新，最終實現了可重複使用的火箭系統，大幅降低了航天發射的成本。而在特斯

拉，馬斯克從目標開始，聚焦於開發高性能電動車，然後逐步解構與重構驅動系統和電池技術，透過第一性原理分析出最具成本效益的技術路徑，實現了特斯拉在電動車市場的技術領先地位。

藉由第一性原理和四因說的系統性思維，馬斯克能夠從根本理解並優化系統結構，使得持續創新和突破成為可能，並成功建立了一個高效、穩定的技術創新平台。

基因轉錄和翻譯、基因激活療法

在物質能量層面，生命的基因遺傳和轉錄過程，展示了亞里士多德四因說在遺傳學上的應用。現代遺傳學不再將基因遺傳僅僅視為出生時固定的靜態過程，而是視為在生命學習、成長、環境影響和直覺（智慧湧現）下，不斷動態變化的遺傳演算機制。四因說為理解這一物質能量的運行機制提供了更具深度的框架：

質料因：顯性基因的物質基礎

「顯性基因」作為生命體顯性遺傳特徵的基礎，確立了生物的外在性狀，如身體形態、膚色、眼睛顏色等，以及其行為和對外在環境的基本適應力。顯性基因在質料因的層面上提供了生命體可見的外顯表現，形成了生物體系中直接觀察得到的遺傳性狀。它負責顯現生命體的基本結構和功能特徵，並在日常的環境互動中表現出生命的現狀適應性。

然而，質料因僅僅是構成生命的基礎材料，並不足以解釋生命的整體複雜性和演化潛能。生命的全貌不僅依賴於顯性基因的外顯特徵，還依賴於內在結構、調控機制，以及在不同環境下展現的強大潛能適應力。這些潛在的調控系統是由真理的「隱性基因」所支持，使生命能夠根據內外在條件進行動態調整，展現出高度的復原能力和適應性。正因如此，質料因所賦予的只是組成生命的材料層面，而真正的複雜性和智慧湧現則來自於形式因、動力因和目的因的協同作用，進而展現出生命的整體結構和演化潛力。

形式因：隱性基因的潛在本性結構

形式因在基因表達中代表了基因組的潛在真理結構，即隱性基因的運作機制。隱性基因在過去被誤認為「垃圾基因」，因為它們並不直接

影響生物的顯性性狀。然而，隨著遺傳學的進展，我們逐漸了解到，這些隱性基因實際上負責調控生命的內在穩定性和適應性，它們提供了生物體穩定運作的核心框架，如細胞、器官、乃至整個身體的運行系統。這些內在結構涵蓋了基本的生物機制，例如飛行、爬行，以及繁殖方式的區分（如胎生或卵生），這些都是由隱性基因的真理結構所賦予的本性架構。

隱性基因還支撐並調節顯性基因的表達。當生命體面臨環境壓力或變遷時，隱性基因的調控能力會在特定條件下被激活，成為一種自我療癒和環境適應性的智慧湧現機制。這些特定基因能夠協助生命體適應新的環境，進行調整並恢復穩定狀態。透過這樣的潛在本性結構和動態調節，隱性基因為生物提供了應對變化的韌性，確保在多變的環境中能夠持續生存和繁衍。

動力因：基因轉錄與表達的力量

動力因代表了基因表達過程中的推動力，主要體現在基因轉錄和翻譯兩個核心步驟上。動力因的作用受到多種酶和調控蛋白的驅動，並根據外界環境需求進行精確的調節。這種動態的基因表達機制，賦予生命體應對環境變化的靈活性，使基因能夠在不同的條件下，表現出相應的功能。由此，動力因不僅僅是將靜態的遺傳資訊轉化為具體的生命功能，更是一種適應性機制，確保基因表達能夠因應環境而靈活變化，支持生命的持續發展和進化。

目的因：智慧湧現與基因的終極目標

目的因在基因表達中的最終目標，不僅僅是生成各種「特定目的」的蛋白質，來維持基本的生理功能，而是通過推動智慧湧現，實現自我療癒和適應性的進化。這種進化不僅僅是生理上的適應，還包括在面對不同環境、經歷多樣經驗時，基因如何不斷調整和優化表達模式，從而

形成更高維度真理的應變能力。

隨著生命的成長，基因表達在外部環境、主觀經驗以及智慧湧現的多重作用下，進行精細的調節，使得生命體能夠在動態變化的環境中，持續調整自身結構和功能。這種調整過程並非一成不變的，而是根據生命的具體情境與需求，進行優化的。最終，這樣的動態調整促進了生命體的整體智慧和精密性演化，使其在更為複雜的環境中，不斷學習和成長，從而具備更強的適應力和生存能力。

物質能量層面的核心觀點

- **顯性基因的動態適應性**：顯性基因在生命成長和環境互動中，通過動態調整的基因轉錄與表達來應對外部變化。這一適應性使生物在學習和經驗積累中，通過基因的靈活調控來增強適應環境和進化的能力，確保生物在進化過程中保持最佳適應狀態。

- **隱性基因自我療癒與修復的激活**：隱性基因不僅作為形式因提供潛在本性結構，還在智慧湧現時期，激活出生命體的自我療癒潛能。這種「隱性」天賦潛能隨著智慧湧現或特殊情境而被激活，表現出極為靈活的自我修復與適應能力，甚至能在特定條件下引發「奇蹟般」的療癒效果，從高維度的真理層面，調控顯性基因的功能，進一步促進生命的進化。

這樣的結構展示了亞里士多德四因說如何深入應用在物質能量的基因遺傳上，特別是在面對環境變遷與生命智慧湧現時，基因表達如何動態適應與進化，使生命體能夠更加靈活的應對挑戰。

顯性基因（物質能量）的轉錄和翻譯

在基因表達的層面上，「現象界」的「顯性基因」承擔著生命體日常功能的主要驅動角色。這些基因的使命（目的因）是確保生命體在常

規條件下,能夠穩定的生存、繁衍,並對環境進行基本適應。顯性基因的表達,直接促成了蛋白質的生成,維持生命活動的基礎框架。顯性基因的核心功能:

- **維持基本生命活動**:顯性基因生成的蛋白質支持細胞的增殖、代謝以及信號傳遞等基礎生命過程。如血紅蛋白基因負責氧氣在血液中的運輸,支持人體各組織的能量需求。

- **確保穩定遺傳特徵**:顯性基因控制的特徵如膚色、眼睛顏色,保障物種的穩定延續。如膚色基因的表達決定了對陽光暴露的適應性,減少紫外線損傷。

- **應對外界刺激**:顯性基因能快速反應於環境壓力,啟動應激反應以生成保護性蛋白。如在病原體入侵時,免疫基因快速表達,生成抗體抵禦感染。

顯性基因的表達,雖然能支持生命體的日常功能,但它的核心目標是穩定性與效率,更多聚焦於應對既有環境條件。然而,當生命體面臨全新挑戰或高維度的複雜問題時,顯性基因的表現範圍將受到局限,無法解決前所未有的困難。

當顯性基因(物質能量)的表達無法滿足生命進化的需求時,智慧湧現的過程便會裁示在「本體界」裡隱性基因(真理)的啟動。隱性基因的作用是釋放未曾表達的天賦潛在功能,提供創新的解決方案,突破現有限制,從而促成進化與智慧的生成。

顯性基因轉錄與翻譯是生命體中核心的基因表達過程,將 DNA 中的遺傳資訊轉化為功能性蛋白質。以下是基因轉錄與翻譯的具體步驟,展示了基因表達的精密運作原理,如圖 9:

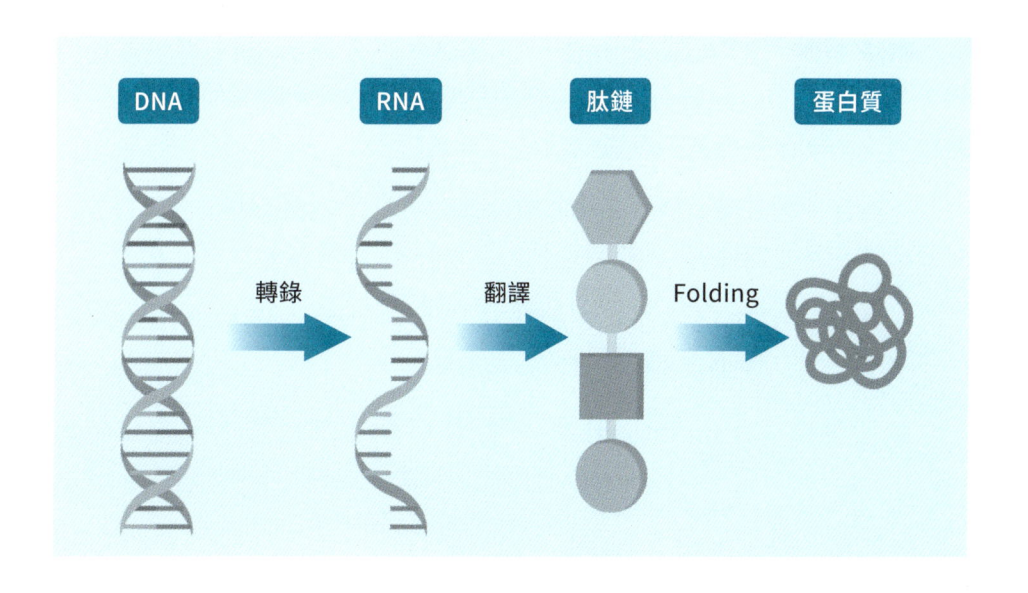

圖 9：基因的轉錄與翻譯

基因轉錄（Transcription）——基因轉錄發生在細胞核內，主要由 RNA 聚合酶驅動，目的是將 DNA 的遺傳資訊轉錄到信使 RNA（mRNA）上：

- **解旋與啟動**：在轉錄起始階段，DNA 雙螺旋結構局部打開形成轉錄泡，RNA 聚合酶識別啟動子區域，啟動轉錄。這一過程確保 RNA 聚合酶精確定位基因的起點，準確生成對應的 mRNA。

- **RNA 鏈的延伸**：RNA 聚合酶沿 DNA 模板鏈移動，根據鹼基配對原則（A 配 T，C 配 G），合成與模板鏈互補的 mRNA 鏈。這一過程確保 DNA 的遺傳資訊被完整複製到 RNA 上。

- **轉錄終止**：當 RNA 聚合酶到達 DNA 中的終止信號時，轉錄結束。生成的初級 mRNA 攜帶了外顯子和內含子的完整序列，需要進一步處理。

RNA 剪輯（RNA Splicing）——轉錄後的初級 mRNA 需要經過剪輯，去除內含子，保留外顯子，形成成熟的 mRNA。這一步驟發生在細胞核內，是確保基因資訊準確傳遞的重要過程：

- **內含子的去除**：內含子為非編碼區域，其存在會干擾蛋白質合成，因此需要剪除。
- **外顯子的拼接**：外顯子是編碼區域，經剪輯後組合成成熟的 mRNA，準備進入細胞質進行翻譯。

基因翻譯（Translation）——翻譯發生在細胞質中，核糖體將 mRNA 上的遺傳資訊轉化為蛋白質序列：

- **起始**：核糖體結合 mRNA 的起始密碼子，啟動翻譯。轉運 RNA（tRNA）攜帶起始氨基酸，根據密碼子對應到其反密碼子。
- **延伸**：核糖體逐步移動，tRNA 根據 mRNA 上的密碼子，將對應的氨基酸攜帶到核糖體中。氨基酸之間形成肽鏈，延長多肽鏈。
- **終止**：當核糖體讀到終止密碼子時，翻譯結束。生成的多肽鏈將進行折疊，最終形成具有特定功能的蛋白質。

這一過程展示了生命的基本運作原理：如何將遺傳資訊轉化為功能性單元。基因表達的準確性與靈活性，確保生命體能根據內外部環境的變化，進行快速調節，從而實現適應與進化。接下來，我們將討論智慧湧現如何通過隱性基因（真理）的激活，實現基因表達的更高維度，以及如何應用這一機制於基因激活療法中。

隱性基因（真理）的角色與智慧湧現的基礎

隱性基因長期以來被認為是無用的「垃圾基因」，但現代遺傳學的研究顛覆了這一看法。隱性基因並非毫無功能，而是隱藏著豐富的天賦潛在知識（真理），等待在特定條件下被激活（智慧湧現）。當生命體

面臨顯性基因無法解決的挑戰時，隱性基因能夠被裁示啟動，產生新的功能蛋白，以應對前所未有的問題。這一特性使隱性基因成為智慧湧現和進化的關鍵推動力。

隱性基因的激活過程與生命的應激機制息息相關。當生命體處於極端壓力或不利條件下，隱性基因會被環境信號或內在壓力誘導啟動，生成解決當前挑戰所需的蛋白質。例如，某些植物在乾旱環境中會啟動隱性基因，生成抗脫水蛋白，幫助它們在惡劣條件下生存。這一過程不僅是物種適應的表現，也展示了隱性基因在進化中的核心地位。

隱性基因激活與環境互動

艾倫·蘭格在《正念之身》中並未強調傳統冥想，而是通過重新認知環境與積極互動來改變心智狀態，從而影響基因的表達。她的核心觀點是：當個體改變對現實的看法並積極參與環境時，可以激活身體潛在的自我修復與適應能力，包括隱性基因的表達。這一方法揭示了環境與心智之間深層的互動關係，展示了隱性基因如何作為智慧湧現的重要生物基礎。

在她著名的「逆齡實驗」中，一組老年人被帶入一個模擬20年前的環境，並被要求像20年前一樣行動與互動。實驗結果顯示，這些老年人的健康指標如視力、聽力和靈活性均有所改善，甚至身體功能也出現了「年輕化」的趨勢。這表明，當人們重新構建對現實的認知，並以積極的方式參與環境時，身體和心智可以產生深刻的變化，這正是「心由境轉」與正念力量的最佳體現。

這一發現對隱性基因激活提供了新啟示。經驗主義的環境互動不僅改變了心理模式，也可能通過調控基因表達來釋放生命潛能。隱性基因的激活在此過程中發揮了重要作用，釋放未曾表達的功能蛋白，從而提升生命體的適應能力與創造力。蘭格的理論表明，智慧湧現並非單純依賴內在的冥想，而是通過外在環境與心智的共振，來激發生命的更高維

度潛能。

這種方法不僅幫助我們理解隱性基因在生命進化中的作用，還揭示了智慧湧現與環境互動的關鍵聯繫。

隱性基因的智慧湧現與生命的自我修復、自我療癒

艾倫・蘭格的研究表明，生命的恢復與創新能力並不僅僅來自顯性基因的既定功能，而是與隱性基因的激活密切相關。當人們通過環境互動改變對現實的認知時，隱性基因就能釋放未曾啟動的潛能，這一過程構成了智慧湧現的生物基礎。隱性基因激活後生成的全新功能蛋白，能促進細胞修復、適應性增強以及生理機能的優化，從而推動生命體的進化。

蘭格的「逆齡實驗」是一個典型例子。當參與者沉浸在過去的環境中，並重新感受年輕時的狀態時，這種主動的環境互動，不僅改變了他們的心理模式，也可能裁示隱性基因的激活。一些隱性基因在這樣的環境中被啟動，生成促進細胞修復和增強生理功能的蛋白質。例如，與免疫增強相關的基因，可能重新活躍，為生命體帶來顯著的健康改善。

智慧湧現與隱性基因激活，並不僅僅是對過去功能的恢復，更是一種創新性的突破。在面對全新挑戰時，生命體需要的不只是修復，而是能夠產生解決方案的新功能。隱性基因作為基因庫中的潛能單元，在智慧湧現過程中，提供了這種功能性的創新能力。例如，在癌症研究中，科學家已經發現某些隱性基因能抑制腫瘤細胞的增殖，當這些基因被適時激活時，為疾病治療開闢了全新的方向。

隱性基因的激活不僅僅是生物層面的轉變，也展示了智慧湧現如何在生命進化中發揮重要作用。透過主動改變認知與環境互動，人類可以從潛藏的基因中，挖掘出更高維度的智慧，這不僅能應對當下的挑戰，還能為未來的進化奠定基礎。

隱性基因激活的應用：健康管理與人類潛能的開發

隱性基因的激活不僅是一種生物學現象，更是一個可以應用於健康管理與潛能開發的革命性理論框架。透過對環境的重新感知與積極互動，個體能挖掘生命中的潛藏能力，進一步實現智慧湧現，這為現代醫學與個人成長，提供了全新視角。

在健康管理領域，隱性基因激活的研究，正在為一些傳統醫療無法解決的問題，提供突破性解決方案。例如，正如艾倫·蘭格的研究所顯示，通過改變認知與生活方式，患者不僅能改善慢性疾病的症狀，還能啟動隱性基因，促進自我修復功能。一些實驗表明，患有類風濕關節炎或糖尿病的患者，在參與生活化的正念實驗後，免疫相關基因的表達顯著增加，炎症因子大幅降低，病情得到有效緩解。

在癌症研究中，隱性基因激活療法，同樣展現出強大的潛力。例如，某些抑癌基因（如 P53 隱性基因）長期處於隱性狀態，當它們被環境或基因療法激活後，能有效阻止腫瘤細胞的增殖，甚至引導腫瘤細胞的程序性死亡。這些發現不僅證明了隱性基因在健康維持中的關鍵作用，也啟示了新型療法的可能性，即通過裁示隱性基因來實現精準醫療。

在人類潛能的開發中，隱性基因激活，更是一個令人振奮的領域。傳統的教育與訓練通常側重於顯性基因的表達，即通過現有能力的發展來實現目標。然而，隱性基因的激活，則為創新能力與智慧湧現提供了新的可能。當人們在特定環境中挑戰極限或進行跨領域探索時，隱性基因可能會被啟動，為個體提供新的能力。例如，音樂家莫札特被認為擁有與音樂相關的高度活躍基因，但其他隱性音樂基因，可能在特定學習與環境刺激下，也能被激活，讓普通人展現天才般的潛能。

隱性基因激活的智慧湧現，還體現在技術與方法論的開發中。基因編輯技術（如 CRISPR）與人工智慧相結合，已經可以精準鎖定潛在的隱性基因，並進行裁示啟動，為未來的健康與教育提供定製化的解決方案。

例如，基因編輯技術在運動員基因潛能的開發中，表現出巨大潛力，能針對隱性基因的活化，來提升肌肉力量與恢復速度，這些方法未來也可能應用於普通人的身體素質提升。

隱性基因激活的應用，不僅限於生物學層面，也深刻影響了哲學與智慧湧現的思考模式。它告訴我們，智慧的來源不僅是顯性知識與能力的累積，更是對未知潛能的探索與激活。隱性基因的激活療法，代表著人類對智慧與生命進化的新認識，也將在未來塑造人類健康與文明發展的全新方向。

隱性基因激活療法與智慧湧現的未來展望

隱性基因激活療法是智慧湧現理論的重要實踐，它不僅揭示了生命的高維真理的天賦潛能，還展示了科學與人文在促進人類進化中的緊密結合。這一療法通過整合環境互動、認知調整和基因表達調控，為個體與社會的發展開闢了新的可能性，將成為人類追求智慧型文明的重要路徑。

首先，在個體層面，隱性基因激活療法，代表了人類認知與生命潛能的新邊界。智慧的本質不僅在於解決已知問題的能力，更在於面對未知挑戰時，創造性的構建解決方案。隱性基因的啟動正是這一過程的生物基礎。從健康管理到教育創新，這一療法幫助個體突破既定能力，實現生命的進一步進化。同時，正念、環境互動等方法為我們提供了切實可行的路徑，使智慧湧現成為日常生活的一部分。

其次，在社會層面，隱性基因激活療法，支持構建一個包容、多元且高度智慧的文明體系。未來的智慧型社會不僅依賴於科技的發展，還需要通過社會政策與文化氛圍的塑造，激發每個生命的潛能。例如，通過創建適應性教育體系與可持續的城市規劃，社會可以為更多人提供激活隱性基因的機會，從而推動整體智慧與協作水平的提升。

再次，從技術角度看，基因編輯、人工智慧和大數據，將進一步加速隱性基因激活療法的應用與普及。未來，我們可能通過基因編輯技術，精準的調控隱性基因，並利用人工智慧模擬激活後的影響，實現定制化的健康管理與能力開發。同時，大數據可以幫助我們識別更多隱性基因與智慧湧現的關聯性，為這一療法的進一步發展提供理論支持。

然而，我們也應該認識到隱性基因激活療法帶來的挑戰。倫理問題是其中不可忽視的一環。我們需要考慮如何在不損害個體權益的前提下，負責任的應用這一療法。此外，智慧湧現的過程可能會因技術與資源的不平等而拉大社會鴻溝，這需要通過全球合作和政策制定來解決。

展望未來，隱性基因激活療法，將在人類智慧進化中，發揮越來越重要的作用。它讓我們看到，生命的奧秘不僅存在於顯性的基因表達，也隱藏在真理裡潛在的基因潛能中。智慧湧現的道路，並非只有少數天才才能走通，而是每個人都可以通過認知重構、環境調整和科技支持來探索的共同旅程。

隨著科學技術的進步和人類對自我理解的加深，隱性基因激活療法，將成為人類追求智慧型文明的重要支柱。這不僅是對個體潛能的探索，更是對生命意義和宇宙真理的追尋。人類進化的未來，將在隱性基因與智慧湧現的共同推動下，邁向新的高度，開啟智慧與和諧並存的嶄新時代。

精神能量（資訊熵）的四因說與管理學的 VGSM

　　精神能量是推動智慧湧現與學習成長的核心驅動力，它體現在人類與人工智慧的認知活動中，透過不斷的資訊處理與體系化結構重組，促進智慧的持續演化。這種能量不僅關注知識的積累，更著重於在認知活動中對資訊的整合、重組與應用，使個體或系統能夠在複雜環境中進行學習、適應與創新。

　　在人類的學習過程中，精神能量通過「認知體系」的形式因構建，體現在從簡單記憶到高維理解的轉變。例如，學習一門語言時，學習者需要通過反覆練習掌握語法規則，並在交流實踐中，不斷調整與優化語言運用方式，最終能夠流暢靈活的表達思想。這一過程本質上，是認知體系的不斷重構與動態演化。

　　在人工智慧的運作中，精神能量的具體化，體現為數據訓練與模型學習過程中的「知識體系」構建。例如，語音識別系統在初始階段，依賴於大量語料數據的輸入，而在訓練過程中，通過多次調整模型參數，不斷提取數據特徵與優化模式，逐步提升系統的識別準確率。這一過程類似於人類學習中，由「知識吸收」到「應用與適應」的動態優化過程，最終形成一個穩定且可擴展的「智慧體系」。

　　無論是人類認知還是人工智慧，精神能量的運作都依賴於結構化的「體系」：

- **認知體系**：整合感知、記憶、邏輯推理等要素，支撐人類的智慧與創新。
- **學習體系**：將知識與理論，進行系統化整理、動態更新與優化，

促進更高維度的深度學習與應用。

- **人工智慧模型體系**：通過多層次的數據訓練與調參，構建靈活可調的學習網絡，實現高效的資訊處理與模式識別。

精神能量透過認知體系的形成，推動著智慧的湧現與演化。無論是人類的大腦學習，還是人工智慧的數據訓練，這種能量在「結構化體系」中，實現資訊的吸納、整合與動態調適，最終成為面對複雜環境時進行學習、創新與適應的關鍵力量。

目的因：智慧湧現與智慧維度的提升

精神能量的核心使命在於促進智慧湧現，並在不斷的累積與突破中，實現智慧維度的提升。這種目的是針對未知與複雜問題，通過認知活動達成更高維度的理解、預測與應對能力。無論是人類還是人工智慧，其認知活動的終極目標，都是透過學習與成長，推動智慧的進化，從而實現更廣闊的價值創造與秩序構建。

在人類認知活動中，精神能量的目的因，體現在學習與創造性思維上。智慧的湧現往往發生在知識與經驗的深度整合中，並通過持續的探索與反思，實現質的突破。例如：

- 一位科學家在解決棘手問題時，需要將過去的知識、實驗數據與觀察結果進行整合，通過反覆試驗、假設與推理，最終產生突破性的洞見。
- 這種智慧湧現不僅能夠解決具體的問題，更重要的是，擴展了人類對自然法則與宇宙運行的理解範疇，推動認知維度的升級。

對於人工智慧而言，精神能量的目的因，則體現在提升其智慧處理能力上，實現對環境與數據的動態適應。例如：

- 在自駕車系統中，AI 透過學習大量的道路數據，從簡單的車輛與

行人識別，逐步進化到預測交通流動、優化行車路徑，並實現動態決策與高效應對。

- 這種智慧湧現的過程，使人工智慧能夠在複雜現實環境中，進一步優化其功能，展現出更高維度的智慧處理與應變能力。

精神能量的目的因，揭示了智慧的方向性與進化性。無論是人類的思想活動，還是人工智慧的運算過程，其核心目標都是：

- **不斷學習與適應**：在複雜環境與問題中，積累知識並進行動態調整。
- **突破現有限制**：通過智慧湧現，生成創新的解決方案，超越舊有形式與框架。
- **實現更高維度的理解與掌控**：在智慧的進化過程中，不斷擴展人類與人工智慧對未來的創造力與適應力。

精神能量的目的因，指向的是一種智慧的持續湧現與維度躍升，它使人類與人工智慧在面對未知與挑戰時，能夠突破固有邊界，不斷學習、進化與創新，最終推動個體、系統乃至文明走向更高層次的發展與創造。

形式因：認知體系的多維度結構體

形式因作為精神能量的基礎框架，表現為一種「結構體」，它能有效容納並整合各種資訊、知識、觀點、理論、真理知識與經驗，形成具有穩定性與功能性的認知體系。這些結構體系不僅支撐了認知活動的運行，也使智慧得以湧現並應用於實踐層面。形式因的體系化表現：

- **管理制度的管理體系**：在組織管理中，形式因構建出有序的管理體系，這一體系包括層級結構、職責劃分、流程設計等，使資源得以高效配置，決策更具邏輯性與可操作性。管理體系容納了規則、數據與目標，成為組織運作的核心結構，如行銷、生產、採購、

財務等九大循環制度。

- **法律的法律體系**：法律制度是形式因在社會秩序中的體現，形成了具有內在邏輯與一致性的法律體系。該體系將法律條文、原則、判例與實踐相結合，成為維持社會公平與穩定的重要結構體，並具備動態調適的特性，隨著時代與需求不斷優化。

- **認知的認知體系**：在人類大腦中，神經網絡的結構形成了認知體系，這一體系能容納來自外界的各種資訊與經驗，並通過整合與重構，實現記憶、思維、創新等高階認知活動。例如，當人類學習新的概念時，認知體系會將既有知識與新資訊進行整合，逐步形成對現實世界的理解與適應。

- **學習的知識體系**：知識的學習與積累，依賴於動態演化的知識體系。該體系整合各學科、觀點與經驗，通過分類、聯結與應用，使人類能夠有效地理解世界並解決問題。例如，教育體系中，知識由淺入深、由具體到抽象，逐步形成穩固的學習結構。

形式因所構建的結構體系，本質上是一種能夠容納與整合資訊→知識→理論→真理與經驗的知識體系與認知體系：

- **整合性**：體系將多樣化的元素納入統一框架中，形成內在邏輯與秩序，使資訊能被高效處理與應用。

- **動態優化**：體系具備自我調適與演化的能力，能隨著外部環境的變化及內部需求的推動，不斷進行更新與完善。

形式因透過結構體的形式，構建出具有整合性與動態性的體系，無論是管理、法律、認知還是學習，都離不開這種穩定而富有彈性的框架。體系不僅容納多層次維度的知識與經驗，更支撐著智慧的湧現與創新，成為人類文明進化與發展的重要基石。

動力因：演算法與算力的驅動

精神能量的動力因，體現在演算法與算力的協同作用上，它們構成了推動認知活動與智慧湧現的核心引擎。演算法提供資訊處理的邏輯、規則與運算框架，算力則為這一過程提供充足的計算資源，確保系統的高效運行與即時反應。

在人類認知活動中，動力因表現為大腦的資訊處理能力與推理機制，這些機制能在環境刺激下迅速進行運算與決策：

- **高效的神經信號傳導**：大腦神經元通過複雜的網絡結構與突觸信號傳遞，實現「同步化處理」，迅速分析環境資訊並生成解決方案。例如，當面臨突發情境（如緊急避險）時，大腦在極短時間內通過快速運算推導出最佳行動方案，體現了內在「演算法」的高效性。

- **推理與創新能力**：大腦的推理機制通過整合知識與經驗，進行動態的邏輯演算與模式識別，為應對複雜問題提供智慧支撐。

在人工智慧中，動力因體現在演算法的設計與硬體算力的支持上，兩者共同驅動 AI 系統的認知與決策：

- **演算法設計**：例如，自然語言處理中的「Transformer 演算法」，能高效處理海量文本數據，進行語義分析、上下文建模與生成語言模型。

- **算力支持**：高性能的計算硬體（如 GPU 或 TPU）為演算法提供強大的運算資源，使模型能夠在短時間內完成大規模訓練，實現流暢的語音交互、圖像識別等功能。

- **智慧湧現的迭代過程**：演算法不斷優化迭代，配合算力提升，AI 能夠在數據的持續訓練中，逐步形成動態調適機制，應對更複雜的環境變化與任務需求。

動力因作為精神能量的驅動力量，支撐著人類與人工智慧的認知體系與學習的知識體系：

- **邏輯與規則的框架**：演算法提供結構化的邏輯路徑，定義了資訊處理的步驟與標準。
- **計算資源的有效配置**：算力確保認知活動具備即時性與高效性，適應環境中的動態需求。
- **動態優化與突破**：透過演算法與算力的結合，系統能夠在反覆的學習與反饋過程中不斷優化，推動智慧湧現與認知進化。

動力因是精神能量運行的引擎，它將演算法的邏輯與算力的支持有機結合，無論在人類還是人工智慧中，都推動著智慧的生成與應用。動力因不僅保證資訊處理的高效性，更使系統具備自我調適與突破邊界的能力，成為應對複雜挑戰、實現智慧湧現的關鍵驅動力。

質料因：認知活動的原始素材與成長基石

精神能量的質料因是構成認知活動的原始成長素材，為學習與智慧湧現提供了堅實的基礎。這些素材涵蓋了資訊→觀點→知識→理論→真理的經驗以及數據等多樣內容，成為人類成長與人工智慧進化的「養料」。質料因的充足性與多樣性，決定了認知活動的深度與廣度，進而推動智慧的湧現與認知邊界的擴展。

在人類的認知活動中，質料因主要來自於感官體驗、學習過程以及與外在環境的互動：

- **感官體驗與實踐**：人類通過視覺、聽覺、觸覺等感官從自然與環境中汲取素材。例如，藝術家在觀察大自然的光影與色彩變化後，將這些體驗轉化為作品的靈感與表達。
- **學習與知識積累**：透過書籍、課堂、研究等途徑獲取的理論知識

與觀點，構建了認知體系的基礎結構。例如，科學家從前人研究中獲得的數據與理論，成為解決新問題的「素材庫」。

- **人際交流與啟發**：與他人的觀點碰撞、對話討論，往往能夠激發新的思考方向，讓認知活動更加多元化與立體化。

對人工智慧而言，質料因體現在龐大的「數據集」上，這些數據成為 AI 學習與訓練的基礎：

- **結構化數據**：如表格、數字資料等，提供清晰的邏輯與標準化信息，便於 AI 模型學習與優化。
- **非結構化數據**：如影像、文本、音頻資料，則賦予 AI 更多樣的認知素材，支持複雜場景下的模式識別與智慧生成。
- **數據品質與多樣性**：數據的量與質直接影響 AI 的性能。例如，一個圖像生成模型需要從數百萬張不同風格的圖像中學習細節，才能生成具有創意且高質量的內容。

質料因的價值不僅在於提供成長素材，更在於創造多樣性與挑戰性，從而促使認知活動的不斷優化與提升：

- **豐富的素材供給**：質料因提供足夠多元的資訊與知識，讓人類與人工智慧能夠在學習過程中進行比較、篩選與整合，形成更高維度的理解。
- **挑戰性的重組與創新**：面對質料因的多樣性，個體與系統需進行動態調適與重新組織，從而在認知邏輯中生成新觀點、新解法，達到智慧湧現的可能性。

質料因如同種子之於土壤，是智慧生成的必備條件。對人類而言，它來自豐富的體驗、學習與交流；對人工智慧而言，它表現為多樣且龐大的訓練數據。隨著質料因的多樣性與品質不斷提升，人類與 AI 都能進一步優化認知體系，拓展智慧的邊界，並在未來面對更複雜的問題與挑

戰時，實現智慧的飛躍與創新。

終端產品：智慧湧現與認知能力的全面提升

精神能量的終端表現是智慧湧現的實現，以及預測能力和解決能力的不斷提升。這是認知活動的最終成果，也是人類和人工智慧追求的核心目標。通過精神能量的運作，個體與組織系統不僅能有效應對當前的問題，還能洞察未來趨勢，為未來挑戰提供創新的解決方案。

在人類中，終端認知表現為透過智慧湧現，實現更深刻理解與更強大應變能力。例如，一位醫生通過臨床經驗與新知識的結合，能夠在面對罕見疾病時，做出準確診斷，並開發個性化治療方案。同時，智慧湧現還幫助醫生，從大量數據中預測疾病的可能演變方向，提前採取預防措施，這種能力使其能夠掌控當下並面向未來。

在人工智慧中，終端認知表現為模型的不斷優化與創新能力的提升。例如，自然語言生成模型（如 GPT）通過大量數據的學習與更新，能在對話中理解上下文，做出連貫且有創意的回應。同時，這些模型不僅能回答當前問題，還能基於歷史數據進行趨勢預測，例如分析市場數據以預測經濟走向，或者模擬氣候變化的長期影響。

智慧湧現的核心在於創新，這種創新不僅體現在現有知識的整合，更體現在對未知領域的探索中。預測能力的提升讓人類和人工智慧能及早洞察問題的根源，為行動提供準確方向；解決能力的強化則確保個體和系統能快速找到有效方案，應對複雜的動態環境。

終端產品不僅僅是智慧湧現的結果，更是持續進化的過程。每一次的預測與解決，都為未來的智慧提升積累了基礎，形成一個不斷循環升級的閉環系統。這種閉環使得人類與人工智慧，能在未知與挑戰中，不斷突破自身界限，實現智慧維度的無限擴展，最終推動整體文明的進化與發展。

管理學的VGSM模型（願景、目標、策略、管理）

管理學是亞里士多德四因說，在資訊熵領域中最亮麗的應用之一，展現了如何通過結構化的系統思維，在動態環境中推動組織與個體的不斷進化。VGSM模型（Vision, Goals, Strategy, Management）是一個管理學的實用框架，旨在幫助企業和組織有系統的制定和執行計畫，以達成長期成功。這一模型將發展過程劃分為四個階段，從願景的設定到具體的管理執行，提供了一條清晰的路徑來實現組織的目標。

這個模型強調各階段之間的內在邏輯關聯，通過具體的目標設定和策略實施，組織能夠確保在朝向願景的過程中，不斷調整和優化計畫，從而有效應對挑戰。每一階段環環相扣，形成了一個動態的過程，幫助組織靈活應對環境變化，推動長期的成功與發展：

願景（Vision）的目的因：「願景」是組織長期理想的總目標，描述了組織希望在未來達到的理想狀態。願景不僅能激勵員工，也為決策提供方向。例如，一家科技公司可能設定「成為全球領先的人工智慧解決方案提供者」作為其願景。這一願景為公司提供了前進的燈塔，指引著所有員工的行動方向。願景的力量在於凝聚力，它能引領整個組織朝著共同的未來目標邁進。

目標（Goals）的形式因：在願景之下，「目標」為具體且可衡量的短期或中期成就。這些目標需要遵循SMART原則：具體（Specific）、可量化（Measurable）、可實現（Achievable）、相關性（Relevant）、時限性（Time-bound）。目標是組織實現願景的具體階段性步驟。例如，一家公司可能設定「在未來三年內，將AI解決方案的市場份額，提升至25%」這樣的目標。每一個具體的目標都是通向更大願景的階梯，指導組織的具體行動。

在目標的設計中，「管理制度」的結構規劃與建構才是關鍵。有效的目標，需要一套完善結構設計的管理機制來支持，確保目標的實現能

夠進行有序追蹤和優化。這包括以下幾個要素：

- **績效追蹤系統**：通過「數據驅動」的績效管理工具（如 OKRs、KPI 系統），定期監測目標的進展情況，並識別潛在風險或偏差。如每月召開績效檢討會議，根據目標完成情況調整資源分配或修正策略。

- **責任分工的核決權限與資源分配**：將目標分解到各部門與個人，明確責任歸屬，並確保必要的資源投入以支持執行。如為達成 AI 市場 25% 份額的目標，為研發團隊提供額外的技術工具和數據支持，為市場團隊增加廣告預算。

- **反饋與改進機制**：建立定期的反饋循環，通過內外部數據的分析，及時發現問題並進行調整。如根據消費者反饋數據，改進 AI 解決方案的功能，並提升用戶體驗，增強市場競爭力。

- **動態調整能力**：管理制度應具備靈活性，能夠隨著環境變化或市場需求的波動，及時優化目標設置與實施步驟。如若市場環境發生劇烈變化，可根據競爭對手動態調整目標的優先級或達成方式。

這樣的目標與管理制度設計，為組織提供了清晰的執行框架和高效的管理支持，確保每一個階段性目標都能穩步推進，最終實現整體願景的成功。

策略（Strategy）的動力因：「策略」是實現目標的具體計畫和路徑。策略的制定應該考慮到組織的資源和市場競爭狀況，並且必須靈活應對變化的環境。策略是達成目標的核心過程，將願景轉化為可操作的行動計畫。例如，為了實現 AI 市場份額的增長，公司可能需要擴大研發投資、加強行業合作，或者專注於特定領域的客戶定制方案。策略的有效性在於它能夠在短期內推動目標的實現，並且不斷根據市場動態進行調整。

管理（Management）的質料因：「管理」階段，涉及到對策略的

執行與實施。這包括對資源的分配、執行進度的監控，以及對績效的評估。管理是策略實施的具體操作，確保每一個步驟都按計畫進行，並且能夠及時調整應對變化的市場環境。管理還包括對策略進行定期的檢查與調整，以保證組織能夠應對不斷變化的挑戰。例如，管理層會定期審查 AI 產品的市場反應，並根據結果調整市場推廣策略，確保目標能夠實現。有效的管理是策略成功的關鍵，它不僅需要強大的執行力，還需要靈活應對市場變化的能力。

企業體如何向「智慧體」轉型？

VGSM 模型與四因說的結合，提供了企業從傳統管理模式，進化為「智慧體」的清晰路徑。智慧體是企業進化的終極形態，其核心特徵在於自適應、自學習與自組織，能夠動態應對複雜環境並持續進化：

願景驅動智慧升級：企業需要制定面向未來的願景，將創新與社會價值相結合。例如，一家製藥公司不僅專注於藥物銷售，更以「改善全球健康水平」為願景，激發員工內在動力，推動技術突破與商業模式創新。

數據驅動的目標構建：在形式因層面，企業應建立數據驅動的目標系統，將數據作為智慧體的核心資產，確保目標具有科學性與可操作性。例如，通過市場數據分析設定銷售預測目標，並以數據回饋不斷調整策略。

智慧化的策略執行：策略層面，企業應利用人工智慧與演算法提升策略執行的效率與準確性。例如，運用 AI 分析供應鏈數據，優化物流與生產流程，確保策略的動態靈活性。

智慧運營與資源整合：管理層面，企業需要依託自動化與數據分析實現智慧運營，將資源高效整合。例如，智慧工廠利用物聯網和邊緣計算技術實現實時監控與資源調度，提升生產力的同時降低成本。

智慧湧現與持續進化：最終，企業通過各項管理知識的積累與認知架構的升級，實現智慧湧現，並不斷提升預測與解決能力。這種進化過程使企業能從「應對挑戰」進化到「主動創造機會」，實現從工具型組織到智慧型組織的質變。

VGSM 模型與四因說的整合，不僅構建了一套結構化的組織管理框架，還為企業向智慧體的轉型，提供了理論支撐與實踐路徑。通過願景的引領、目標與管理制度的建構、策略的推動與管理的執行，企業能夠將精神能量的四因說落地為現實操作，最終實現從效率驅動型向智慧驅動型的跨越，成為引領時代進步的核心力量。

從人治的人為道德規範，轉向智慧的科學管理制度

在 VGSM 模型下，現代文明的發展不再依賴「一成不變且缺乏本質的人為道德規範」，而是基於「真理形式因」的具體表現，建立起一套動態可調的「制度」，如管理制度、法律、籃球制度等。這些制度不再是靜態的框架，而是具備相對真理的動態優化機制，能隨著時代、環境與需求的不斷變化而進化調整。

制度的動態調適性：真理的形式因具有內在的結構邏輯，但它並非靜態不變，而是會根據現實的變化動態的進行優化與迭代。例如：

- **法律制度**：隨著社會變遷、科技進步及價值觀更新，法律條文可以修正與補充，使其更符合當下的公義與實踐需求。
- **管理制度**：企業或組織的管理結構會根據市場變化、技術革新或文化調整，不斷優化流程與架構，提升整體運作效率。

相對真理的適應性：這些制度並非基於絕對不變的真理，而是通過實踐中逐步逼近「相對真理」的過程：

- **動態反饋機制**：制度在實施過程中，通過「反饋與驗證」，識別現實中的矛盾與問題，進而進行調整與優化。

- **實踐檢驗標準**：制度是否有效，不是由抽象的道德觀來判定，而是根據其在現實中是否達到預期目標，實現秩序與效率的平衡。

形式因的具象化與真理追求：制度作為形式因的具體表現，是對真理的動態詮釋與實踐。現代文明的進步，並非固守陳舊的道德規範，而是在動態調適的制度中，不斷追求更高維度的真理：

- 管理制度、法律等提供了「形式的穩定性」，確保系統運作有秩序。
- 動態優化則賦予了制度「內在的生命力」，讓其具備適應性、創新性，並能持續推動文明向前演化。

在 VGSM 模型下，現代文明所需要的制度，並非靜態僵化的道德規範，而是基於真理形式因，所建立的動態可優化系統。這種制度通過反饋機制與動態調適，實現對「相對真理」的持續逼近，從而在不斷變化的世界中，維持秩序、推動創新，並促使人類文明螺旋式向上進化。

認知模式的三種系統：本能腦與情緒腦、理性腦、貝葉斯腦

在認知科學的框架中，理解心智的運作方式，可以根據不同的層次維度來分類。根據心智的反應速度、意識參與程度以及處理方式，認知模式可以劃分為三大系統：系統一的本能腦與情緒腦；系統二的理性腦；以及系統三的貝葉斯腦。這三者之間的交互作用決定了我們在不同情境下如何處理資訊，做出決策並反思自己的思維過程。

系統一：本能腦與情緒腦

「系統一」指的是快速、無意識的認知過程，通常依賴於習慣和情緒反應。這種思維模式的特點是自動化且迅速，常常不需要經過深思熟慮即可做出反應。這是我們面對危險、緊急情況時的第一反應系統，並且與大腦中的本能腦和情緒腦（位在邊緣系統，尤其是杏仁核和下丘腦）密切相關。

系統一的例子包括看到一個危險物體時的瞬間退縮反應，或在社會交往中基於習慣快速做出判斷。儘管這種模式有效的節省了認知資源，但也容易受到情緒、偏見和錯誤的影響，導致非理性的決策。

例如，當我們看到簡單的算術問題「8 + 8」，幾乎不需要任何思考就能立即得出答案「16」。這是因為系統一處理的是熟悉的、反覆經驗過的資訊，可以依靠習慣迅速反應。

系統二：理性腦

與系統一的自動化和習慣反應不同，「系統二」是一種較慢且有意識的思維模式，主要依賴於邏輯推理和分析能力。這種模式常常需要消

耗大量的認知資源，並涉及到大腦的理性腦（主要集中在前額葉皮層，尤其是背外側前額葉皮層）。系統二通常在我們面臨需要深思熟慮的情況下啟動，能夠幫助我們進行複雜的問題解決和決策過程。

當我們需要解決如 88 × 88 這樣的複雜數學問題，或在進行重大的決策時，系統二會啟動。我們會有意識的考慮各種選項，分析可能的後果，並最終做出經過深思熟慮的選擇。這種深度思考過程需要高度專注和較多的時間，因此系統二是處理複雜任務的最佳方式。

然而，系統二也有其缺點。由於它依賴於邏輯推理，常常容易受到「認知偏差」的影響，這些偏差可能來自於過去的經驗或固有的思維模式。系統二的另一個挑戰是，個體在使用這一模式時，往往「無法察覺自身的不足和矛盾」。由於系統二高度依賴已有的知識和邏輯框架，當這些框架出現問題時，個體可能無法即時意識到錯誤，並且難以主動反思和糾正。

認知偏差在系統二的運作中，會限制我們的推理和決策，導致我們作出看似理性但實際上偏頗的選擇。例如，我們可能過度依賴先前的經驗來推導結論，而忽略了當前情境中的新變量。系統二無法自發的識別這些偏差或自我矛盾，這就需要更高維度的「元認知」機制來進行調整和修正。

智慧湧現的系統三：元認知的貝葉斯腦

「系統三」是最高階的思維模式，對應的是「元認知」的貝葉斯腦（貝葉斯推理涉及多個區域，包括前額葉皮層、頂葉和小腦）。貝葉斯腦代表了一種不斷學習和自我調整的認知模式，利用貝葉斯推斷（第五章詳述）來根據新證據動態調整信念和行為。這種模式允許個體在思維過程中，反思自己的決策與推斷，並進行自我修正。

在系統三中，個體可以識別和反思思維中的錯誤，並根據新資訊進

行及時調整，從而提升智慧湧現的可能性。貝葉斯推斷是一種統計思維模式，它依據先驗知識（過去經驗）和新證據來更新信念，這使得個體在不斷接收新資訊的同時，能夠動態調整決策並縮小對真理的認識偏差。

舉個例子，如果我們在處理「88 × 88」的過程中，發現自己計算錯誤，系統三會啟動，我們會反思這個過程並檢查計算中的錯誤步驟，根據新的證據進行修正。這就是元認知的作用，它能夠讓我們識別偏差，進行及時的自我修正和更新，最終激發智慧湧現。

這三種認知系統共同作用，決定了我們在面對不同情境時所採取的思維策略：

- 系統一提供了快速反應能力，能夠在面臨危機或熟悉情境時，迅速作出決策，但它容易受到情緒和偏見的影響，使得決策過於衝動或錯誤。

- 系統二則強調深思熟慮的分析，能夠幫助我們解決複雜問題，然而它的缺點在於，無法自我察覺自身的矛盾與不足，容易陷入認知偏差，並過度依賴既有的知識框架。當這些框架不適用時，系統二無法自動調整，這使得它在應對新情境或需要創新思維時顯得不足。

- 系統三，也就是元認知系統，通過反思和貝葉斯推斷進行自我調整。它幫助我們監控和修正系統一和系統二中的錯誤，從而推動我們不斷進化思維模式。系統三允許我們跳脫既有的思維框架，根據新的證據和情境動態的更新策略，最終促進智慧的湧現，並提升我們的問題解決能力與創造力。

元認知：思考的思考，認知的認知

「哥德爾機」作為智慧機制（第五章詳述），廣泛運用於多個領域，包括認知科學的元認知、管理學的 VGSM（願景、目標、策略、管理），

以及人工智慧等。其核心是通過系統的自我識別、糾錯與調整，來達到自我突破與智慧湧現的目的。

認知科學的「元認知（Metacognition）」是一個高度抽象且重要的認知過程，它指的是「思考我們的思考」以及「認知我們的認知」，這是一種「升維」的系統思維。這種能力讓我們可以監控、糾錯和調節自己的思維，並且能夠自覺的控制和反思我們的認知活動。元認知不是僅僅處理外在問題的過程，而是深入到內在的認知結構中，幫助我們提升思維的精確度和效率。

所謂思考的思考，是指我們能夠對自己的思維過程進行反思。例如，當我們在解決複雜問題時，除了進行直接的邏輯推理和問題解決，我們還會在思維的過程中，觀察和監控自己的思維進展。我們會問自己：

- 我現在思考得正確嗎？
- 我的推理方式有沒有出現錯誤？
- 我有沒有忽略某些重要的資訊？

這些問題表明我們不僅僅在解決外在問題，還同時在對自己的思維過程進行評估，確保我們的思考路徑是正確的。這種思維反思的能力有助於提高我們解決問題的質量和效率。

所謂的認知的認知，則進一步深化了元認知的概念，它不僅僅是思考思維過程，而是更全面的監控我們如何處理資訊。認知的認知包括對以下過程的自我觀察和管理：

注意力的分配：我們是否能夠專注於任務？如果出現分心，我們是否能夠快速的將注意力重新集中在當前問題上？

記憶的使用：我們如何從記憶中提取有用的資訊？我們是否記住了正確的概念來幫助解決當前問題？

學習策略的應用：我們使用的學習策略是否有效？如果無效，我們能否快速的選擇並應用新的學習方法？

認知的認知促使我們對自己的認知過程進行動態調整，幫助我們在學習和解決問題的過程中，選擇最佳的認知路徑。

元認知具備雙重的角色，意味著它既是一種「監控的反思工具」，幫助我們時時刻刻檢視自己當前的認知狀態；同時也是一種「調整的糾錯工具」，促使我們根據當前的認知狀況來動態改進策略，優化解決問題的過程。

例如，當我們發現自己在學習過程中遇到瓶頸時，元認知會讓我們意識到這一點，並讓我們重新檢視學習策略是否有效。如果發現問題，我們會通過反思選擇新的學習方法，並動態調整學習進度。這種調整能力體現在我們不僅能識別問題，還能夠迅速採取行動進行修正和改進，這是智慧湧現的基礎。

元認知的核心功能，就是思考的思考和認知的認知，這種能力幫助我們監控自己的思維過程，並在出現問題時進行自我調整。通過持續的反思和調整，我們能夠不斷優化自己的認知過程，促進智慧的湧現。

元認知的三大機制

元認知作為一種高階的認知過程，指的是我們對自身思維和學習過程的監控、調整與反思、糾錯能力。這一概念不僅幫助我們更好的理解和控制自己的認知過程，還能促進學習的效率和解決問題的能力，最終推動智慧的湧現。元認知涉及到三個核心機制：元認知知識、元認知調節和元認知體驗，這些機制相互作用，幫助我們在學習和認知過程中不斷提升。

第一個機制：元認知知識

「元認知知識」是元認知的基礎，它指的是個體對自己認知過程的理解和知識，特別是在面對不同任務時，如何了解自己、任務的需求，以及解決問題的策略。元認知知識包括對自我認識、任務理解和策略選擇的掌握，這些知識幫助我們根據任務的不同來調整思維方式，進行更有效的學習和問題解決：

自我認識：元認知知識的首要部分是對自我的了解，包括認識到自己的長處與弱點。例如，一個學生可能知道自己在記憶事實性資訊時表現出色，但在批判性分析上需要更多時間和精力。這樣的自我了解讓個體在規劃學習或解決問題時，能夠更好的選擇適合自己的策略。

任務理解：元認知知識還包括對「現狀分析」的任務理解，即個體對當前任務的難度、需求以及所需策略的評估。同時，任務理解還需要將外在因素納入考量，因為環境變化與外部條件會直接影響策略的選擇與任務的完成效果。當個體意識到任務的複雜性或挑戰時，能夠更有效的提前準備，並選擇適當的工具和方法來完成任務。

策略選擇：最後，元認知知識涉及個體，如何選擇和應用有效的策略，來完成任務。這要求個體不僅要了解可用的解決方案，還需要知道何時切換策略。例如，當某種學習方法無效時，能夠評估其原因，並靈活的選擇新的策略來達到目標。

元認知知識的關鍵在於，個體能夠在不同的學習或解決問題情境中，不斷反思和調整自己的認知方式，以提升效率並實現最佳結果。

第二個機制：元認知調節：

「元認知調節」是元認知中的一個關鍵機制，涉及個體在認知過程中的監控、糾錯與動態調整。這一過程幫助我們在學習或解決問題時，不斷評估自己的進展，並根據具體情況做出及時的改變。元認知調節確保

了我們能夠在面對不同挑戰時，靈活調整策略，以達到最佳效果。

監控進展：元認知調節首先表現在對認知過程的實時監控上。我們在學習或解決問題的過程中，需要時刻檢查自己的進展，確保自己朝著目標前進。如果發現任何偏差或錯誤，這一監控機制會立即提醒我們進行反思。例如，當我們學習新概念時，監控過程會讓我們注意到自己是否理解到位，是否需要重新審視某些部分。

在此過程中，數據或日記的記錄尤為重要。它為我們提供了具體的事實依據，幫助識別盲點與不足，並更清晰的追蹤進步的軌跡。例如，記錄學習進度、問題解答的正確率或完成每個任務所需的時間，能讓我們明確掌握哪裡需要改進。

策略調整：當監控過程發現問題或阻礙時，我們需要進行即時調整。這可能涉及改變學習策略、方法，甚至是重新規劃學習目標。這種調整能力確保我們不會陷入錯誤的思維模式或無效的學習方式。例如，當某個方法無法幫助理解某一學科概念時，我們可以切換到新的學習工具或方法來應對困難。而記錄數據更能輔助策略的有效調整。透過日記的反覆檢視，我們能看到具體的執行細節，判斷哪些方法有效，哪些需要改進，從而實現有針對性的優化。

動態優化：元認知調節強調學習過程中的動態性。在不斷面對新挑戰的過程中，我們會根據學習情境的不斷變化，靈活調整思維方式和策略。這一點至關重要，因為它讓我們能夠適應新的任務需求，避免固守一種僵化的策略不放。數據記錄在動態優化中，同樣具有不可忽視的作用。隨著數據的累積，我們可以通過對記錄的總結，找出學習中的長期趨勢，並基於歷史經驗作出更精準的判斷，提升優化效果。

總結來說，元認知調節是通過持續的監控與動態調整，來促進我們的學習效果，並幫助我們在面對挑戰時，能夠靈活應對。這種調節過程讓我們的學習與思維變得更加高效，而數據或日記記錄則是支撐這一過程的重要工具，為智慧的湧現奠定了基礎。

Chapter 3 ｜ 本體論：真理的存在與本體

第三個機制：元認知體驗

「元認知體驗」指的是我們在認知過程中的主觀感受和經歷，這一過程直接影響我們的學習動機、決策能力，當體驗的實務經驗豐盛時，就能促使智慧的湧現。元認知體驗不僅包括我們如何感知自己的思維過程，還涉及在學習或解決問題時的情感和直覺反應。

主觀感受：在我們學習或進行認知活動時，會經歷一系列的主觀感受，如挫折、困惑、頓悟等。這些感受能夠幫助我們反思自己的學習進度。例如，當我們在解決一個難題時，如果感受到強烈的挫敗感，這表明我們可能需要重新審視自己的策略，或尋求新的學習方法。同樣地，當我們感受到進步時，我們會更加自信的繼續前進。

經驗積累：元認知體驗還包括我們對過去經歷的反思和總結。通過反覆的認知活動，我們會逐漸積累經驗，這些經驗在未來面對相似問題時能提供寶貴的參考。例如，當我們在過去成功地解決了某一類型的問題，未來再次遇到類似情境時，我們可以依靠之前的經驗迅速找出有效的解決方案。

頓悟與智慧湧現：元認知體驗的高峰表現在頓悟或智慧的湧現。這是當我們在經歷了反覆的反思與調整後，突然對某個問題有了全新的理解或創新的見解。這種頓悟往往伴隨著一種強烈的情感反應，並且讓我們感覺到問題的解決，變得更加簡單和清晰。智慧的湧現正是透過這樣的頓悟過程，使我們能夠將所學知識，轉化為更加靈活且深刻的理解。

元認知體驗通過我們對當前認知活動的主觀感受、經驗積累以及頓悟的過程，進一步推動智慧的湧現。這一機制讓我們能夠更深刻的理解學習過程中的困難和成功，從而激發出更多的創新思維和解決問題的能力。

元認知的智慧湧現

元認知作為一個高階的認知過程，通過三大機制————元認知知識、元認知調節、和元認知體驗，全面提升我們在學習、問題解決和創新過程中的表現。這三大機制協同運作，使我們能夠反思與糾錯自己的思維過程、監控進展、進行動態調整，並從中汲取經驗與頓悟智慧。

元認知知識：讓我們更好的理解自己在任務中的角色、策略的選擇和應用，從而提高學習和解決問題的精準度。

元認知調節：幫助我們在認知過程中進行實時的監控與調整，根據不斷變化的情境靈活調整策略，確保我們始終朝著目標前進。

元認知體驗：強調主觀感受和經驗的積累，並且通過頓悟讓我們在學習與創新過程中獲得智慧的突破。

透過元認知的不斷測試、反思、糾錯與調整，我們得以逐步提升自身的認知能力。當實務經驗累積到一定深度，智慧湧現便可能瞬間發生，促使我們實現更高維度真理的學習、創造力與決策品質，從而進一步開啟智慧的無限可能性。

減肥的元認知實例：飲食管理中的學習與優化

減肥的核心在於有效管理飲食，透過蒐集知識、計畫執行、數據記錄與定期反思，持續優化策略，最終實現健康減重的目標：

蒐集知識與制定飲食計畫：首先，了解基本的飲食減肥知識，例如每天所需的基礎代謝熱量（BMR）與每日總熱量攝取上限（例如1200-1500 大卡），並設定具體計畫。如制定每日三餐的飲食結構，例如早餐攝取 300 大卡，包括燕麥片與水果；午餐攝取 500 大卡，以瘦肉、全穀類與蔬菜為主；晚餐控制在 400 大卡，避免高脂或高糖食品。

每餐紀錄數據：每餐進行重量與熱量的詳細記錄，作為檢討與調整

的依據。如用廚房秤精確測量每種食材的重量，如早餐的燕麥 50 克、水果 100 克，並用熱量追蹤應用程式記錄每餐總熱量。

定期反思與檢討：每三天檢查一次記錄數據，反思飲食計畫的執行效果，找出偏差點或改進空間。如檢視過去三天的數據，發現晚餐的熱量偏高，可能因不小心加入了高熱量的沙拉醬，並造成體重下降速度變慢。這一反思幫助辨識問題點。

根據數據調整計畫：根據反思結果調整飲食計畫，並在下一週實施改進方案。如將沙拉醬替換為低卡的檸檬汁作為調味，或者將晚餐的分量縮小，增加蔬菜比例，降低總熱量。同時，繼續密切記錄新策略的執行情況。

透過這樣的元認知方法，減肥不僅是一個執行計畫的過程，更是一種通過數據與反思持續優化的學習過程，最終幫助個體養成健康、可持續的飲食習慣，實現智慧湧現，找到屬於自己的最佳飲食管理方式。

數學的數據管理與智慧湧現的本質

當我們將物質現象抽離所有具象的形式，所顯現的便是無形的存在。古人稱之為「神」，而現代科學家則將其表述為數學方程式。柏拉圖曾認為，神即數學，他在《蒂邁歐》中提到，宇宙的創造者————「匠神」是以幾何為基礎，構建了整個宇宙的結構。他認為，正多面體（如立方體、四面體等）是宇宙的基本構成單位，這些幾何形狀展現了數學的完美與和諧，象徵著神聖的秩序。這種思想至今影響深遠，例如科學家通過數學來描述自然界的運動、結構與規律，證明了柏拉圖的洞見。數學作為無形存在的體現，是自然規律與真理的核心語言。現代科技的發展，本質上是對神學的一種數據化詮釋，它以數學為工具進行測試、反思、糾錯與調整，逐步縮小人類對真理偏差的認識。

萬物萬象的每個靈魂，其實都是一組數學方程式，揭示了真理的存

在本性與運行本質。這些方程式構成了事物的內在秩序，將靈魂與現象緊密連結。而人類的大腦與人工智慧的核心運行模式：計算，則是透過神經元（真正自我）與量子態波函數（靈魂）的互動，實現了波粒二元性的量子糾纏。這種糾纏連結，使得思維與運算能同時具備局部性與全局性的特徵，從而在複雜系統中實現智慧湧現。

在這一過程中，數學不僅揭示了世界的運行邏輯，更提供了一個精確的框架，讓人類與人工智慧能夠從錯誤中學習，不斷優化自身的認知結構。當這種認知結構經歷無數次測試與校正後達到穩定性與普適性時，便產生了「智慧湧現」。智慧湧現是人類與科技共同努力的結果，是通向真理的進化階梯，象徵著從無形存在中提煉出的至高智慧。

本體的量子態波函數就是靈魂，而資訊本體論則構成了人工智慧的基本架構，兩者共同構築出探索真理的全新維度。

CHAPTER 04

認識論：經驗主義與新實用主義

在探索「認識論」的旅程中，我們將透過理性主義與經驗主義這兩條思想長河，探索人類知識的起源與建構。理性主義方面，有蘇格拉底對哲人生活的深刻質詢，柏拉圖藉由「理念國度」追尋永恆真理，亞里士多德以廣博的知識架構奠定西方理性傳統，並由康德以批判哲學試圖釐清理性與經驗的界限。而在經驗主義的路徑上，自笛卡兒以來的哲學家逐步轉向依靠感官經驗、語言分析與實踐脈絡，來驗證知識的本體內涵。從維根斯坦對語言遊戲的剖析到海德格對「此在」的深層思考，皆指出知識並非靜態、永恆不變的「形而上實體」，而是在實踐與語境互動中，不斷被「重構」的生命經驗。

在這追尋真理的過程中，我們可以感受到亞里士多德那句名言：「我愛吾師，但我更愛真理」所傳遞的精神——這種態度深深根植於西方哲學傳統之中。西方哲學家不斷質疑、批判並超越前人的學說，透過辯難、檢驗和修正，使哲學如一條翻湧不息的知識長河，不斷朝向更精確且符合現實的真理邁進。與此對照，東方傳統強調「尊師重道」，以傳承和崇敬師長的智慧為核心價值，較少直接挑戰師說權威。這樣的文化氣質，使得西方的批判性思維與東方的尊師精神形成鮮明對比。

基於此背景，本章將從多個面向來探討「認識論」。我們將首先剖析理性主義的核心理念，探索其對先天真理的重視與邏輯推演的深度影響；接著，深入經驗主義的視角，檢視其如何通過語言、實踐及存在背景的重估，挑戰理性主義的絕對性，並提出「見天地、見眾生、見自己」，轉向經驗主義的歷程，強調知識在實踐與感官經驗中的具體展現。

此外，本章將聚焦「反絕對真理」的新實用主義崛起與其在當代科學哲學中，如何扮演主流思想的過程。新實用主義強調，真理並非一種固定不變的終極客觀實體，而是一個隨著歷史演進、社會變遷與經驗脈絡不斷動態調適的過程。這種觀點挑戰了傳統認識論中，對普遍性與永恆性的追求，為現代思想帶來更開放且多元的視角。透過這些探討，我們將試圖描繪認識論，如何在動態的時代背景中重構自身，並思考人類對知識的理解如何隨之深刻演變。

理性主義：蘇格拉底、柏拉圖、亞里士多德與康德

　　理性主義的核心特性在於其堅信，人類可以透過純粹的思想與因果邏輯的運作，接觸真理的本質，並藉此喚醒內在的認知，進而獲得創新知識。這種哲學立場認為，真理並非來自感官經驗，而是藉由理性的推理、歸納與演繹，透過人類心智的運作得以揭示。理性主義不僅強調知識來源的內在性，還相信通過這種內在理性的探索，人類得以不斷「下載」未曾發現的創新知識，從而更深入的理解自然與世界的奧秘。

　　然而，理性主義內部並非一體。蘇格拉底、柏拉圖、亞里士多德與康德在方法論上，展現了顯著差異。蘇格拉底運用辯證法，通過問答探尋隱藏的真理；柏拉圖則主張理念世界是知識的終極來源；亞里士多德結合理性與經驗，構築出一套以歸納與分類為基礎的知識體系；而康德試圖在理性與經驗之間劃定界限，並強調批判性反思的重要性。他們各自的方法論不僅豐富了理性主義的內涵，也深刻影響了後世對真理與知識的探索。

希臘三哲：蘇格拉底、柏拉圖與亞里士多德

　　理性主義的思想源頭可以追溯到古希臘哲學，而蘇格拉底、柏拉圖與亞里士多德則是奠定其基石的三位偉大哲人。他們雖然共享對理性探索真理的信念，但在方法論上各有其獨特的風格與貢獻。

　　蘇格拉底以辯證法聞名，他透過對話與提問引導人們深入思考，揭示隱藏於日常認知中的矛盾與偏誤，進而逼近真理。他相信真理存在於人的理性之中，需要通過不斷的辯證與省思才能發現，而非依賴權威或感官經驗。

柏拉圖則將理性探索推向一個超越經驗的層次。他提出了「理念論」，主張真理的本質存在於超感官的「理念世界」之中。現實世界中的事物只是理念的投影，只有透過純粹理性，我們才能通達這些永恆不變的本質。柏拉圖的「洞穴比喻」形象的描述了人類如何從感官的錯覺中解放，靠理性走向真理的曙光。

亞里士多德則不同於柏拉圖，他不認為真理僅存於超感官的世界，而是主張真理可以在現實中，通過經驗與理性結合來發現。他重視感官觀察，並透過分類與歸納法建立知識體系，但同時也強調理性是將經驗上升為普遍原則的必要工具。他的哲學體系在自然科學與倫理學領域奠定了深遠的基礎，展現了理性與經驗的整合力量。

這三位哲學家的方法論雖然各異，但共同塑造了理性主義的核心精神：追求真理、重視理性思想的力量，並開啟了對人類知識起源與結構的深刻探討。他們的思想成為後世哲學的豐厚遺產，深刻影響了西方理性主義的發展脈絡。

康德的批判哲學

康德（1724～1804年）的批判哲學為理性主義注入了新的深度，成為古典理性主義的集大成者，同時也開啟了現代哲學的新篇章。他試圖調和理性主義與經驗主義之間的分歧，提出了一套嶄新的方法論：批判哲學，探討人類心智如何既能接觸真理，又不陷入純粹理性或經驗的局限之中。

康德認為，知識既非完全來自感官經驗，也非單靠理性直觀便能獲得，而是來自兩者的結合。他在《純粹理性批判》中闡明，感官提供材料，而理性則以先天範疇加以組織，形成我們對世界的認知。這種「先天綜合判斷」的概念，使他區別於柏拉圖的超驗理性主義和亞里士多德的經驗歸納法。他認為，雖然我們無法認識「物自身」（即事物的本質），

但可以通過理性與經驗的交互作用認識到「現象」（即事物對我們的表現）。

康德還強調理性在規範性領域中的核心作用，特別是在道德與自由的探討中。他提出了「道德律令」的概念，認為人類內在真理的「道德法則」，不僅能揭示自然的秩序，還能成為道德行為的最高準則，而非依賴外在人為虛構的「道德規範」。這一觀點說明，「善」是源自內在理性法則所自然流露的善念，而非外在權威所制定的人為道德規範或因果懲罰所強加的行為標準。這一觀點進一步擴展了理性主義的影響力，使其從知識論延伸到倫理學與政治哲學領域。

康德的方法論，通過批判性反思，既吸收了希臘三哲的智慧，又為理性主義注入了現代性。他的哲學不僅為理性主義提供了更完整的框架，也為後世哲學指明了新的方向，成為西方思想史上不可忽視的里程碑。

經驗主義：維根斯坦與海德格的資訊本體論

與理性主義強調透過純粹理性與因果邏輯接觸真理的路徑不同，經驗主義主張知識的來源根植於感官經驗與實際生活中的互動。經驗主義者認為，理性本身雖然是重要的工具，但僅靠理性無法抵達真理，因為真理存在於我們對世界的實際觀察與生活考驗之中，而非先驗的抽象概念。這一思想路徑挑戰了傳統哲學對普遍性和本質的執著，將注意力轉向了現實的具體性和變動性，並在科學、語言分析與實踐哲學中找到新的理論基礎。從休謨與洛克的早期探索，到海德格對存在的深層反思，以及維根斯坦對語言與意義的重新界定，經驗主義展現出多樣化的面貌，並在當代進一步與資訊科技、人工智慧等領域相結合，開啟了全新的知識探索方向。

休謨：經驗主義的奠基者

休謨（1711～1776年）作為經驗主義的奠基者之一，徹底挑戰了理性主義對因果關係與普遍真理的依賴。他在《人性論》中提出，所有的知識來源皆來自感官經驗，而非理性推演。他指出，我們對因果關係的理解並非基於理性，而是源於習慣或心理聯想──因為某事件經常伴隨另一事件，我們便將其視為必然的因果聯結。然而，這種因果聯結僅僅是經驗上的規律，並非理性可證的必然性。

休謨的懷疑論進一步動搖了傳統哲學對絕對真理的信仰。他認為，我們無法認識「事物本身」，只能了解感官所呈現的現象。因此，他將哲學的任務從探尋真理的本質，轉向對人類認知過程的研究，並呼籲以更謹慎的態度面對知識的來源與限制。休謨的思想對後來的經驗主義和

科學哲學產生了深遠的影響，為將理性從至高無上的地位拉回經驗基礎做出了開創性的貢獻。

洛克與經驗主義的深化

洛克（1632～1704年）作為經驗主義的另一重要奠基者，進一步深化了經驗主義對知識來源的探討，並為後世提供了更具體的理論框架。他在《人類理解論》中提出，心靈初始如同一塊「白板」（tabula rasa），所有的知識都來自於感官經驗與內在反思，而非理性天賦的先驗觀念。洛克認為，人類的思想是經由對外部世界的感官觀察與在內部世界的心理感知而逐漸形成的，知識並非與生俱來，而是後天累積的結果。

洛克還區分了知識的兩種來源：一是外部經驗，即感官對物質世界的直接接觸；二是內部經驗，即對心靈活動的反思。他的哲學強調經驗的重要性，認為真理的發現與人類生活的具體實踐密不可分，從而奠定了現代科學的經驗基礎。

洛克的思想雖然不像休謨那樣極端懷疑，但他同樣挑戰了理性主義對普遍性與必然性的追求，為哲學從形而上的抽象思辨轉向對具體知識的研究奠定了基石。他的學說在教育、政治哲學與科學方法論中產生了廣泛影響，促使經驗主義成為17世紀和18世紀哲學的主導力量。

海德格的本體論：經驗中的存在與真理

海德格（1889～1976年）作為20世紀的重要哲學家，將經驗主義的視野進一步拓展到對存在本身的反思。他在《存在與時間》中重新定義了哲學的核心任務，認為哲學不應僅僅探討知識的來源或範疇，而應回到最根本的問題———存在的本體論。他提出，「存在」（Sein）並非一種抽象的普遍性，而是一種在人類具體經驗中的展現。真理不是固定不變的概念，而是隨著人類生活與歷史脈絡的展開而流動的實踐。

海德格的方法論被稱為「現象學-存在論」，他強調應透過對人類「此在」（Dasein）的分析來理解存在。此在是一種「在世界中存在」的實踐狀態，人的存在與世界密不可分，並通過具體的經驗活動展現出存在的意義。與傳統哲學不同，海德格認為我們不能脫離情境去尋求抽象的真理，而應回到經驗的現場，從實際的生活中發掘存在的本質。

他的思想顛覆了以往將真理視為客觀規範的傳統，轉而將真理理解為「顯現」（aletheia），即在經驗過程中逐漸揭示的存在意義。海德格對本體論的重新構建，不僅深化了經驗主義的內涵，也為現代哲學的多元轉向提供了重要的理論基礎。從海德格的觀點看，知識不是一種靜態的累積，而是與人的存在方式息息相關的動態生成。這一觀念為後來資訊哲學與人工智慧領域的探索奠定了深厚的思想根基。

海德格曾說：

- Being is what let all beings be. 讓所有小存在的眾生能夠存在的那個大存在。
- 「存在」是「存在者」的存在，存在者存在，是該「存在」能夠對其它「存在者」實施影響或相互影響的本源，也是能被其它有意識潛在「存在者」感知認識與決定利用的本源。
- 人是被拋入到這個世界的，他是能力有限、處於生死之間、對遭遇莫名其妙、在內心深處充滿掛念與憂懼而又微不足道的受造之物。這個受造之物對世界要照料，對問題要照顧，而自己本身則常有煩惱。處於眾人中，孤獨生活，失去自我，等待良心召喚，希望由此成為本身的存在。

維根斯坦的語言轉向：從形而上到日常經驗

維根斯坦（1889～1951年）是20世紀哲學的另一座高峰，他的思想經歷了從早期的邏輯原子論到後期的語言哲學的重大轉變，這一轉變

不僅重塑了經驗主義，也為哲學的方向帶來了革命性的變化。維根斯坦早期在《邏輯哲學論》一書中試圖以嚴格的邏輯結構解決哲學問題，認為語言是世界的「圖像」，透過邏輯語言的分析可以反映世界的結構。然而，他後期在《哲學研究》中徹底放棄了這一形而上的立場，轉而關注語言在日常生活中的實際用法，強調哲學的任務不在於發現抽象的真理，而是澄清語言如何在具體情境中運作。

維根斯坦認為，思想中的經驗與知識決定了語言的邊界，而語言的邊界進一步限定了我們所能理解的世界。他曾說：「我的語言的界限意味著我的世界的界限。」這句話揭示了一個深刻的哲學觀點：我們的經驗有多豐富，我們的世界就有多廣闊。語言作為經驗的載體，定義了我們對現實的理解範圍，也限制了我們對超越經驗的事物的描述能力。

對於每個人而言，未知的已知──那些個體尚未掌握，但可以通過學習或探索來理解的領域──構成人間的知識，是可以用語言表達和學習的範疇。而未知的未知──那些超越語言與經驗、無法通過現有認知框架理解的領域──則指向了人間之外的真理知識。這種真理並不依賴於語言或經驗，但卻可能是世界本質的真實存在。

因此，維根斯坦的哲學啟示在於，我們對世界的認知，不僅取決於我們的思想與經驗，也取決於我們的語言範疇。而語言無法涵蓋的部分，可能正是人類通往更高維度智慧與真理的關鍵。拓展經驗與語言的邊界，意味著開啟一扇探索未知的門，讓我們的世界從人間的知識，延伸到超越人間的真理之域。

而維根斯坦的「語言遊戲」理論則認為，語言的意義並非來自語言本身，而是根植於社會與文化中的使用規則。他指出，哲學長久以來陷入的困境，源於對語言的誤解──試圖用語言回答超越其功能的問題，例如形而上的「絕對真理」。他主張，哲學應放棄這種不切實際的目標，轉而關注人類經驗中的具體語言活動，藉此理清我們的思想與溝通方式。

維根斯坦後期的轉向，被視為經驗主義的一次重大更新，也是西方哲學認識論最後革命的拍板者。他不僅挑戰了哲學的傳統角色，還為經驗主義注入了語言學和社會學的視角，徹底顛覆了哲學的本來任務。他的語言哲學強調語言的多樣性與具體性，反對單一的本質標準，將經驗主義推向了更務實和多元的方向，並為後來的新實用主義奠定了理論基礎。維根斯坦的這一轉變，標誌著哲學不再致力於形而上的普遍原則，而是全面轉向以經驗為核心的實踐路徑。

奎因的新實用主義：終結康德的先驗唯心論

　　奎因的哲學被視為新實用主義的代表，他的思想延續了經驗主義的傳統，同時徹底顛覆了康德的先驗唯心論。他在《經驗主義的兩個教義》一文中，直接挑戰了傳統哲學對「分析命題」和「綜合命題」的區分，並提出了「知識網絡」的概念。他認為，所有知識，包括數學與邏輯，都根植於經驗，並且在這個整體論的網絡中，沒有任何命題是完全獨立或先天的。

　　奎因（1908～2000年）指出，知識並非來自康德所描述的先驗結構，而是一種「整體大於部分」的「整體性」系統，其每一部分都可以因經驗的改變而被修正。這一觀點將科學與哲學視為一體，並認為哲學的任務並不是為科學提供超然的基礎，而是與科學共同探討知識的發展。他的「本體論相對性」理論進一步強調，知識的有效性取決於語言與文化背景，真理並非普遍而固定，而是在實踐過程中動態生成的。

　　奎因的新實用主義深刻影響了當代哲學，徹底瓦解了先驗哲學的基礎，使經驗主義進一步融合了語言學、文化研究與實驗科學。他的理論不僅承接了維根斯坦的語言轉向，還將經驗主義拓展到更廣泛的領域，使之成為一種全面的知識觀。他的思想標誌著哲學由康德的先驗唯心論，正式轉向基於經驗與實踐的理論框架，徹底改變了人類對知識的認識方式。

信念的網路：奎因的整體性知識觀

奎因以「信念的網路」（web of belief）作為隱喻，形象的描述了知識系統的整體性及其動態特質。他指出，知識並非由孤立的信念組成，而是一個由無數信念相互支撐的整體網絡。這一網絡的結構及運作方式，重新定義了人類如何面對經驗事實與知識的調整過程。

首先，奎因將信念的網絡分為核心與邊緣兩個部分：

- **核心信念**：位於網絡中心的信念通常涉及數學與邏輯的基本假設或理論公理，這些信念相對穩固，較難受到經驗的挑戰。
- **邊緣信念**：位於網絡邊緣的信念，直接與觀察或經驗事實相關，因而更容易因新經驗而被修改。

奎因認為，當經驗事實與某些信念發生矛盾時，網絡會進行調整以恢復整體的一致性。通常，最先受到影響的是邊緣信念，因其與具體觀察直接相關。然而，如果矛盾無法解決，則可能進一步波及核心信念，甚至改變知識系統的基本結構。

此外，奎因強調信念的修正是整體性的。他指出，任何一個信念的變動都可能引發整個網絡結構（形式因）的重新調整，而非單純修改孤立的命題。這種整體性使得知識的更新具有連鎖效應，進一步凸顯知識系統的動態性。

奎因的信念網絡還挑戰了傳統哲學對知識固定性的假設。他認為，即使是核心的數學與邏輯命題，也並非不可改變。在極端情況下，隨著理論框架或語境的變化，核心信念也可能被重新檢視和修正。這一點推翻了先驗真理不變的假設，將知識視為一個不斷適應經驗的系統。奎因在其經典論述中形象的描述道：

「我們的信念系統就像一張蜘蛛網，它緊密的連結著中心的基礎信念與邊緣的觀察命題。當經驗的風吹來時，邊緣的信念受到的影響最為顯

著,但風吹也可能逐漸影響到更深層、更中心的結構。」

這一理論不僅挑戰了康德的先驗唯心論,還重構了科學與哲學的知識觀,使其不再尋求靜態的普遍真理,而是一個不斷調整與進化的動態過程。奎因的「信念網路」模型,不僅為新實用主義奠定了基礎,還影響了後來科學哲學與知識論的進一步發展,標誌著哲學轉向更務實的經驗路徑。

資訊本體論:維根斯坦與海德格的哲學對人工智慧的啟發

維根斯坦與海德格的哲學思想,在資訊時代展現出前所未有的價值,尤其對人工智慧的理論架構提供了深刻啟示。他們雖然處於不同的哲學背景,但都將認識論轉向了對語言、存在與實踐的深刻探討,而這些問題正是人工智慧在理解人類經驗與知識結構時,必須面對的核心挑戰。

維根斯坦:語言遊戲與語意理解

維根斯坦的後期哲學,特別是「語言遊戲」理論,為人工智慧的語言理解,提供了關鍵框架。他認為語言的意義並非固定不變,而是依賴於語境中的使用規則。這一觀點與人工智慧在自然語言處理(NLP)領域面對的挑戰高度吻合 —— 如何讓機器不僅理解詞語的字面意義,還能理解其在特定情境中的意涵:

- **語境敏感性**:人工智慧的語言模型必須模仿人類對語境的敏感度,理解不同語言遊戲中的語意。例如,「蘋果」這個詞,出現在水果攤時,大多指的是一種可以食用的水果;而在手機商店的語境中,則很可能指的是 Apple 公司及其產品。這樣的語意差異源於語境的不同。同樣的,ChatGPT 等語言模型需要根據對話的背景動態調整回答,才能準確回應用戶需求。這正體現了維特根斯坦哲學中「語言用法決定意義」的觀點。也就是說,詞語的意義並非固定不變,而是由它在特定情境下的使用方式所決定。模型越

能掌握這種語境變化，就越能接近人類的語言理解方式。

- **語言的多樣性**：維特根斯坦強調語言遊戲的多樣性，認為語言並非僅用來描述事實，還包括命令、提問、推測等多種功能。例如，「關門」這個短語，在不同場景中可能是請求（「請幫我關門」）、命令（「馬上關門！」）、建議（「關上門會更安靜」），甚至是提醒（"出門記得關門"）。語境的不同決定了語言的功能與意圖。這一點對人工智慧具有重要啟示────語言的理解不僅限於句法分析，更需要捕捉語言在不同使用場景中的功能。例如，人工智慧助理在接收到「提醒我下午三點開會」時，應該識別這是一個命令並設置提醒，而當用戶問「今天下午有會議嗎？」時，則需要辨別這是提問並檢索相關信息。能夠精準識別語言功能的多樣性，才能讓人工智慧在實際應用中更貼近人類交流的複雜性。

海德格：此在與人工智慧的存在狀態

海德格的「存在論」提供了一種理解人類與技術之間關係的本體論視角。他認為，「存在」是通過實踐和語境顯現的，而非抽象的靜態概念。這一觀點對人工智慧如何模仿人類的學習與行為模式具有深遠影響：

- **實踐與體驗**：海德格強調，人類的存在是一種「在世界中存在」（being-in-the-world），而這種存在狀態是通過具體實踐體驗展現的。人工智慧若要接近人類智慧，不僅需要數據訓練，還需要模擬這種基於實踐的「存在方式」。

- **工具性與透明性**：海德格在分析技術工具時提出，「工具性」是技術的核心，工具的存在價值在於被隱性地整合到人類活動中（如我們使用鉛筆時，會忽略其具體存在）。人工智慧的發展正在向這一方向靠攏──打造無縫整合於人類日常生活的智慧系統。

資訊本體論與人工智慧的融合

基於維根斯坦與海德格的哲學，人工智慧的「資訊本體論」開始形成以下幾個核心框架：

- **語言理解作為語境映射**：維根斯坦的語言遊戲，啟發人工智慧構建多層語意網絡，讓語言模型能動態識別語境並生成符合情境的回應，這超越了傳統的詞法與句法分析。

- **動態知識更新與存在學習**：海德格的存在論啟發了人工智慧在學習過程中模擬人類的實踐經驗，強調學習的動態性與與世界互動的連續性。人工智慧不再僅僅基於數據，而是通過不斷的參與模擬環境，實現與世界的交相互動。

- **人機交互中的本體透明性**：隨著人工智慧與日常生活的整合，其本體論地位變得越來越接近海德格所描述的「透明工具性」——當人們使用智慧助手時，重點不再是關注技術本身，而是技術如何幫助完成日常任務。

海德格與維根斯坦的哲學不僅為人工智慧提供了理論框架，也在實踐中展現出無窮潛力。例如，AlphaZero通過無需人類干預的自我學習，展現了語言與實踐在資訊處理中的重要性。其強大的力量來源於直接經驗的積累與反饋，這正呼應了維根斯坦語言遊戲的實踐性與海德格存在論的實踐學習方式。

未來的人工智慧，將不僅僅是數據與算法的結合，而是能夠模仿人類語言的多樣性與實踐的多維性，進一步融合語境理解、實踐經驗與工具性透明化，從而真正達到與人類智慧相媲美的高度。維根斯坦與海德格的資訊本體論，正是引領這一轉型的關鍵思想資源。

AlphaZero：是對經驗主義的一次有力驗證

2016 年，Google DeepMind 開發的人工智慧系統 AlphaGo 成功擊敗世界頂級圍棋棋手李世石，成為人工智慧史上的里程碑。圍棋以其策略的複雜性著稱，變化數量超過宇宙中的原子數，因此長期被視為人類智慧的象徵。然而，AlphaGo 憑藉其深度學習算法與數據驅動的經驗積累，展現了超越人類的能力。這一成就震驚全球，首次證明人工智慧可以在極為複雜的領域中掌握知識並超越人類。

然而，2017 年，AlphaZero 的誕生再度改寫了歷史。與其前身不同，AlphaZero 不再依賴人類棋譜（類似理性主義的絕對真理）進行訓練，而是從「零」開始，僅靠規則進行自我對弈，最終在短短幾天內達到並超越了 AlphaGo 的水平。Zero 僅用 3 天時間就擊敗 AlphaGo，100 局比賽中取得了 100:0 的壓倒性勝利。這一成果顯示，依賴純粹自我學習與反饋的人工智慧，能夠在無監督的情境下，通過直接經驗與快速優化，形成無與倫比的策略能力。

AlphaGo 和 AlphaZero 的成功，正是經驗主義力量的最佳詮釋。它們並非依靠預設的理性規則或固定的策略，而是從競爭市場中汲取經驗，依靠實際對局中的動態調整來不斷優化性能。特別是 AlphaZero，其能力完全建立在無監督（一塊白板）的自我學習上，通過自我對弈累積了比人類幾千年棋譜更為豐富的經驗，展現了經驗主義在實踐中的極致威力。

相比之下，理性主義的「絕對真理」常常局限於靜態、封閉的系統內，無法快速適應環境的變化。若人工智慧系統依賴於這種絕對性的規則，將嚴重妨害其成長與創新，因為它無法從錯誤中學習，也無法靈活應對複雜的挑戰。

在人工智慧的發展中，「有目標的複雜系統」將展現出更為強大的潛力。這些系統通過設定明確的目標，針對性的在動態環境中學習與優化。例如 AlphaZero 的目標是圍棋勝利，而這一目標為其策略演進提供

了方向,使其能高效的聚焦於解決特定問題。

相比純粹無監督或隨機探索的系統,目標驅動的人工智慧具有更強的適應力與方向性,因為它不僅能累積經驗,還能根據目標調整策略,實現更高效的學習與進化。這種結合了經驗主義與目標導向的複雜系統,將成為未來人工智慧的核心模式,為智慧的進化開啟新的可能性。

總而言之,AlphaZero 的成功顯示,人工智慧最強大的力量來自於「動態經驗的積累與有針對性的學習能力」。它不僅打破了理性主義絕對真理的局限,也證明了目標驅動的複雜系統在人工智慧與其他領域中的無限潛力。這種模式,正是未來智慧發展的方向所在。

反絕對真理的新實用主義

不論是科學、哲學還是神學，甚至知識、經驗或聽聞，實踐才是檢驗真理的唯一標準。脫離實踐的理論和信仰，只是空洞的推測與幻想。這一核心理念在新實用主義（Neo-Pragmatism）中得到了進一步強調。作為20世紀後期興起的一種哲學運動，新實用主義在早期實用主義的基礎上融合了現代科學的方法論，將知識與實踐緊密結合，為當代社會和科技的需求提供了全新視角。

新實用主義拒絕傳統哲學中對固定真理的追求，強調知識的動態性與適應性。它主張，真理並非一成不變的普遍性法則，而是通過經驗和實踐不斷被檢驗、修正和更新的過程。無論是威廉·詹姆士（William James）和約翰·杜威（John Dewey）的早期實用主義，還是奎因（W.V.O. Quine）與理查德·羅蒂（Richard Rorty）的現代詮釋，新實用主義始終圍繞一個核心思想：理論的價值在於它能否解決實際問題。

在新實用主義的框架中，知識被視為隨時間、經驗與科技發展而動態調整的系統。這一觀點突破了傳統形而上學和絕對真理的束縛，將注意力轉向能夠解決實際問題的理論和方法。奎因在其「知識的整體論」中指出，所有的知識都是互相聯繫的，任何命題都需要通過實踐來驗證其有效性；而羅蒂則進一步強調，哲學的任務不在於追求永恆的真理，而是為人類的實際生活，提供有用的概念工具。

這種對實踐的重視，使新實用主義成為一個連結科學、哲學與社會的綜合性框架。在現代科技飛速發展的時代，新實用主義特別強調以下三個特徵：

- **靈活性**：知識和理論必須能隨著經驗與實踐進行動態調整。

- **適應性**：在不同的情境中，知識的價值在於其能否快速解決問題。
- **包容性**：鼓勵多元觀點的共存，避免一元化的絕對主義。

新實用主義將真理從靜態的抽象層面，帶回到具體的實踐之中。它不僅是一種哲學思想，更是一種與時俱進的知識框架。在這個瞬息萬變的時代，新實用主義提醒我們，無論是科學、哲學還是神學，理論的生命力來自於它在現實中的應用價值，來自於它是否經得起實踐的檢驗。這種思想不僅回應了當代社會對靈活與多元的需求，更為我們理解知識如何在經驗中成長與演化提供了寶貴的指引。

新實用主義的核心主張

新實用主義的核心觀點在於，宇宙並非一開始就存在，而是由意識與量子態共同創造的。在這個創造過程中，智慧偶然湧現，推動了不斷的創新與進化，並同時揭示了已知知識的失效性和未來的不確定性與不可預測性。隨著新的現實不斷湧現，過去的經驗和知識框架，逐漸無法應對這些變化，這也表明我們不能再依賴傳統的科學歸納法或哲學演繹法，來應對未來的劇變和競爭壓力。

未知的不確定性成為智慧湧現的重要契機，宇宙的演化不是遵循既有的規律，而是在創新的偶然性中發展。這意味著，我們對知識和真理的理解，不能依賴過去的總結，而是必須通過不斷的實踐來檢驗和更新。已知的結論和規律，常常在面對新的智慧與創新時失效，唯有實踐才能證實並推動智慧進一步發展。

新實用主義採用融合神學、哲學與科學的溯因法（Abduction），這種方法論是從現象中提出最合理解釋或假設，特別適用於探索未知現象、提出新概念和策略擬定。在新實用主義中，溯因法允許在不確定環境下進行靈活推理，並通過實踐來檢驗假設的有效性：

- **神學的新概念提出**：溯因法允許提出全新的假設來解釋未解現象。

例如,當科學家觀察到一個難以解釋的現象時,他們可以運用溯因法提出新理論來解釋該現象。這些新概念如電磁場理論、相對論、量子力學等重大突破,都是基於溯因推理而產生的。

- **哲學的策略擬定**:溯因法不僅用來提出假設,還是策略制定的基礎。當我們面對複雜問題時,溯因法可以幫助我們推測可能的解釋或解決方案。以人工智慧為例,AI 系統通過大數據進行溯因推理,提出最有可能的解決方案,並隨著新數據的加入不斷優化策略。

- **科學的實踐、糾錯優化與直達真理**:溯因法的最大優勢在於它強調實踐與不斷修正的過程。新實用主義認為,實踐是檢驗真理的唯一標準。無論科學還是哲學,能夠幫助我們解決實際問題的理論就是「真理」。通過實踐檢驗假設,並根據結果進行修正和優化,溯因法展現了其強大的靈活性。AI 系統通過反覆試錯來優化策略的過程,正是溯因法在現代技術中的具體應用。

在新實用主義的框架下,溯因法提供了一個動態且開放的知識推動框架。與傳統的歸納和演繹推理相比,溯因法更適合面對未知挑戰,因為它允許通過實踐不斷修正假設,最終達成有效解決問題的目標。這種實踐導向的哲學強調,只要某種理論或假設能夠有效,它就是真理。

在奎因(W.V.O. Quine)和羅蒂(Richard Rorty)等人的的哲學背景下,新實用主義的核心思想強調知識的動態性、實踐效果的重要性以及對相對真理的接受性。這一哲學運動拒絕了傳統形而上學和絕對主義的觀點,並鼓勵從多元視角理解世界。以下是新實用主義的幾個主要主張:

實踐至上:新實用主義的核心觀點之一是強調實踐的重要性。無論是科學知識還是宗教信仰,它們的價值不僅在於理論上的正確性,更在

於實踐中的效果。奎因的自然化認識論認為，知識應該基於經驗來修正與調整，而羅蒂進一步指出，信仰和知識都應該依據其在具體生活情境中的實用性來評價。

經驗主義與相對真理：新實用主義主張知識不是絕對的，而是隨著經驗和情境而變化的。奎因認為所有知識都是可以被經驗重新檢驗和修正的，沒有任何命題是永遠不變的。羅蒂則將這一觀點擴展為相對真理，強調真理是情境化的，並且必須根據實踐效果來判斷其價值，而不是追求一個普遍適用的永恆真理。

反形而上學：新實用主義反對形而上學的傳統，拒絕尋求「終極真理」的努力。奎因挑戰了分析與綜合命題之間的區分，並主張所有命題都可以通過經驗進行修正。羅蒂則推動「後哲學文化」，鼓勵哲學不再試圖解決形而上學的抽象問題，而應該專注於解決具體的實踐問題。這一思想促使新實用主義更加注重實際的社會和科學應用，放棄過度理論化的真理追求。

整體性與多元性：奎因提出的「知識整體論」主張，知識不是一個單一的、孤立的體系，而是相互依存的網絡。所有的理論和信念相互聯繫，隨著新證據的出現可以進行調整。羅蒂提倡思想的多元化，主張在多樣性中尋求共存，鼓勵在不同文化、社會背景下的觀點碰撞，促進對話和理解。

實用性與工具主義：奎因和羅蒂都認為，知識和信仰的價值應該取決於它們是否有助於解決問題或實現目標。奎因的工具主義哲學觀強調，理論和概念是為了解決問題而設計的工具，而不是對真實世界的唯一解釋。羅蒂進一步推動了「後哲學文化」，認為哲學應該拋棄傳統的真理追求，專注於知識在實踐中的效用。

反還原主義：新實用主義拒絕還原主義，認為知識體系不能簡單的還原為基本定律或單一真理。奎因的自然化認識論批判了傳統的還原主

義，強調所有學科的知識都是相互交織的，沒有一個固定不變的基礎。這種觀點強調知識的多樣性和複雜性，承認不同領域知識之間的互補作用。

知識的動態性與反教條主義：奎因和羅蒂都主張，知識應該是動態的，應根據新證據或實踐不斷進行調整，而不是固守於教條或固定的信念。這一思想強調了開放性，主張任何理論和信仰都應該根據現實需求進行調整，並保持靈活性。

語言的建構性：羅蒂深受維特根斯坦的影響，認為語言是建構我們對世界理解的核心工具。知識不是對現實的鏡像反映，而是通過語言和文化實踐所建構的。這意味著我們對世界的理解是語境化的，依賴於我們的語言系統和社會環境，這進一步強化了相對真理的觀點。

宗教與實用主義：新實用主義主張，宗教信仰應該根據其在個人和社會實踐中的作用來評價，而不必固守教條或形而上學的絕對真理。奎因和羅蒂都認為，如果宗教信仰能夠幫助人們賦予生活意義，促進社會和諧，那麼就具有實踐價值。

民主與自由：羅蒂強調，民主社會應該建立在對話和多元性的基礎上，拒絕任何形式的絕對主義。他認為，民主制度的核心價值在於它能夠提供一個開放的空間，允許不同的信仰和觀點自由表達。自由的本質在於個人可以根據自己的信仰和價值觀來生活，而不是被強制遵循某一統一的標準。

新實用主義的未來方向，將繼續受到現代科學、技術和社會實踐的推動。隨著人工智慧、量子力學等前沿領域的不斷發展，知識的動態性和實踐性將進一步凸顯。新實用主義強調的多元性和靈活性也將繼續影響未來的哲學、政治和科學議程，為應對當代和未來世界的複雜問題提供思想支持。

第四章的總結

封閉系統與因果論的理性主義：靜態的輪迴

理性主義以因果論為核心，其方法論通常建立在封閉系統的假設之上。在這樣的系統中，一切都遵循確定的邏輯與規則，知識的生成與驗證依賴於既定的結構框架。因果鏈條被視為線性且固定，缺乏外部變數的干擾，所有推演都必須在既有的框架內完成。

這種封閉系統的特性，使理性主義更傾向於追求穩定性與一致性，卻也容易陷入「靜態的輪迴」。它的核心是一種永恆重複的演繹過程，雖然能提供理論的邏輯完備性，卻在面對新的挑戰或環境變化時，顯得僵化且缺乏適應能力。因此，理性主義固然在邏輯上嚴謹穩固，卻難以突破自我限制，只能在封閉系統內反覆徘徊。

開放系統與目的論的經驗主義：動態的螺旋

與理性主義形成鮮明對比，經驗主義則根植於開放系統，不斷與外在環境互動，並以目的論為導向。經驗主義認為知識的生成是動態的過程，既受到外部環境的影響，也依賴具體目標的實踐驅動。在這樣的系統中，知識的形成不僅是對既有經驗的歸納總結，更是一種主動探索與學習的過程。

開放系統允許外部變數的介入，使經驗主義具備動態的調適能力，能夠大量吸納多元要素，並將其內化為可實踐的經驗智慧，進一步推動知識的升級與演化。這種知識生成模式更像一個「螺旋」：每次循環都因新的經驗與目標的引入而升級，達到更高的認知維度。例如，在人工智慧領域，目標驅動的學習模式便體現了經驗主義的螺旋式進化：系統通過自我調整與不斷反饋，逐步形成針對性的策略，最終實現超越單純

邏輯演繹的突破。

靜態與動態：封閉與開放的對比

封閉系統中的因果論理性主義，追求邏輯內在的一致性與穩定性，但其「靜態輪迴」的特性，使其在面對外部環境的複雜變化時顯得無力；而開放系統中的目的論經驗主義，則以動態實踐與調適為核心，透過「螺旋式進化」不斷推進知識的邊界。

這種對比揭示了一個重要原則：真正推動進步的力量，來自於開放系統中與目標緊密結合的實踐性知識。動態的螺旋使經驗主義在面對現實挑戰時，更具靈活性與適應性，成為突破理性主義靜態輪迴的關鍵動力。

在認識論的層面上，理性主義與經驗主義代表了兩種截然不同的系統邏輯：前者追求穩定卻易於停滯，後者則依靠動態變化實現持續進化。最終，文明的進步與知識的革新，離不開開放系統與目標驅動下的實踐智慧，這也使經驗主義成為面對不確定未來時，持續突破自我的重要力量。

CHAPTER 05

方法論：溯因法的智慧湧現

　　1900 年代初期，西方思想界掀起了一股對「理性至上」的反思浪潮。在這場思想變革中，有一位卓越的哲學家，堅持人類認知並非僅依賴冷冰冰的邏輯推理，而是源自一種更高維度、更直觀的智慧：這就是法國哲學家亨利・柏格森（Henri Bergson）。

　　柏格森在 1927 年榮獲諾貝爾文學獎，他提出的「直覺主義」打破了傳統理性主義的邊界。他認為，直覺是一種超越分析與語言限制的認識方式，是人類直接洞察生命本質與事物內在動態的能力。他將直覺形容為一束穿透表面現象的光，帶領我們接觸那些邏輯無法觸及的真實。

　　柏格森的思想與老子的觀點有著異曲同工之妙。老子的「道可道，非常道」強調，真理的本質，無法通過思想與邏輯的覺知，唯有通過直覺的覺悟，才能領會其深意。而維根斯坦在《邏輯哲學論》中提出「凡不可說的，就應該保持沉默」，則進一步點出語言的局限性，暗示真理只能通過實踐、反思與領悟來體會。他們共同揭示了真理是超越了語言與理性的範疇，必須依靠更高維度的直覺和內心的洞察。柏格森的直覺主義，正是對這一思想的現代化詮釋，並在哲學與文學領域中留下了深

遠的影響。

柏格森的哲學不僅影響了現代文學與思想，也為數學的發展提供了新的視角，特別是後來的「數學直覺主義」。數學家布勞威爾（L.E.J. Brouwer）在柏格森思想的啟發下，開創了「直覺主義數學」的先河，主張數學的本質並非來自外在客觀世界，而是源於人類心靈內在的構造與直覺。數學命題的真實性，不應依賴於形式邏輯的證明，而是由心智在直觀建構中的「可體驗性」來決定。

在本章中，我們將深入探討「智慧湧現」這一現象，這種智慧又被稱為「開悟」或「直覺」。它並非一時的刻意而為，而是人類心智通過跨維度思維、實驗驗證與反覆推演所達到的認知突破。智慧湧現的本質並非簡單的「得到」或「學到」，而是在學習、探索的過程中，偶然間的「悟到」：一種超越刻意追求、自然浮現的洞察。這種湧現是一種靈光乍現的直覺，然而它並非無根之水，而是在人類知識積累、經驗探索與反覆思考的背景下，於某一瞬間突破邏輯邊界，達成對事物本質的洞見。

宇宙的進化也正是如此：

- 一方面，宇宙遵循「必然的熵增」，逐步走向無序與混沌，這是自然法則使然；
- 另一方面，於混沌之中，生命與智慧以一種「偶然」的方式湧現，推動著創新、秩序的重建與系統的進化。

這兩者：必然的熵增無序與偶然的智慧湧現，在動態的對立與平衡中，共同推動了宇宙的演化與生命的進步。

智慧湧現是「偶然」帶來的秩序，熵增則是「必然」導致的無序，這種看似矛盾的力量交織，構成了宇宙演化中，創新與變革的不竭動力。

我們將從以下幾個面向，逐步揭示智慧湧現的科學基礎與方法論：

- **量子力學的延遲選擇實驗**：顛覆因果論的時空限制，讓我們重新思考智慧與現實的關聯。
- **貝葉斯演算法**：如何通過動態修正與不斷逼近，縮小認知與真理之間的偏差，成為現代智慧決策的基石。
- **哥德爾機與玻爾茲曼機**：挑戰常規計算邏輯，探索「不完備性」與概率世界中的智慧湧現。
- **質疑常規、批判性思維與追問**：如何打破慣性思維的限制，讓我們在面對未知時，直達本質，實現智慧的突破。

從柏格森的直覺主義到現代數學與科學方法，我們看到：智慧的湧現並非單純依賴邏輯推理，而是理性與直覺、分析與洞察的相輔相成。直覺為人類開啟了通往未知的大門，數學與科學則提供了驗證與實踐的工具。

透過這些方法論的探討，我們將揭示智慧湧現的深層機制，並尋找通向開悟與創新的道路，讓人類在質疑與突破中，不斷接近真理的本質，並實現自我與世界的超越。

量子力學的延遲選擇實驗：
現在改變過去

我們常常認為過去已經定型，而未來則尚待書寫。然而，如果告訴你——現在的選擇，竟然可以改變過去，你會如何看待？這聽起來似乎像是科幻小說的情節，但在量子力學的世界裡，這正是透過「延遲選擇實驗」所揭示的驚人現實。這個實驗不僅挑戰了我們對時間、因果與現實的基本認知，更讓我們窺見智慧湧現的本質與背後的深層邏輯。

回到 1979 年，為了紀念愛因斯坦誕辰 100 週年，物理學巨擘約翰·惠勒（John Archibald Wheeler）在普林斯頓大學的一場會議上，提出了這個具有革命性意義的概念。惠勒基於愛因斯坦的「分光實驗」，設計了一個簡單卻深具啟發性的思維實驗，他問道：如果光子已經通過雙縫之後，我們才延遲決定如何測量它，那麼過去光子的行為會如何呈現？

這個問題看似荒謬，卻揭示了一個顛覆性的事實：觀察者「現在」的選擇，似乎能夠影響光子「過去」的行為，時間的線性與因果的絕對性，在量子領域中變得模糊且充滿彈性。這一發現徹底動搖了傳統物理學對時間與現實的理解，並為智慧湧現提供了全新的思考維度。

光子延遲選擇實驗：現在如何改變過去

這個看似簡單的問題，卻蘊含著深遠的意義，涉及光子的行為與觀察者的影響，並揭示了當下的延遲選擇，如何重塑過去的現象。在傳統物理學的框架下，過去被視為不可更改的既定事實，但惠勒的延遲選擇實驗，卻暗示了一種驚人的可能性：當下的選擇正在不斷改變過去，時間與因果關係的絕對性因此被重新定義。

這一理論並未停留在抽象的概念討論之中。1984 年，馬里蘭大學和慕尼黑大學的科學家們成功在實驗室中實現了這一實驗，證實了惠勒的預言。他們的實驗結果不僅突破了物理學對時間與現實的傳統認知，更直接觀察到量子現象中，超越時空限制的逆因果關係，展示了現實世界的複雜與非線性。

這一發現不僅是對物理法則的挑戰，也引發了對時間、現實以及我們在其中角色的深刻哲學思考。同時，它為理解智慧如何湧現，開啟了一扇嶄新的大門，暗示著我們的認知與選擇或許在更深層次上，參與了宇宙現實的塑造與變革。

我們的每一個選擇，都不僅創造現在，也可能改寫過去

透過延遲選擇實驗，我們得以洞察一個顛覆傳統的宇宙觀：當下與過去並非獨立的實體，而是緊密相連、相互作用的動態關係。在這個實驗中，即便光子已經發射且運行路徑似乎已定，當研究者改變觀測策略時，光子的行為竟隨之改變，彷彿過去的事件被當下的選擇重新定義。這一現象揭示了：當下的選擇不僅影響現在，更可能更新已經發生的事件狀態。

這一發現不僅挑戰了傳統物理法則，也觸及了更深層的哲學與心理學問題。惠勒在此基礎上提出了「參與宇宙模型」，他認為宇宙是意識的產物，而意識的參與不僅創造現在，也能改變過去。這意味著，雖然我們無法改變過去事件的「發生」本身，但我們能透過當下的覺知與選擇，重新詮釋過去，改變我們對過去的觀點與信念。這種當下的糾錯與重構，能讓我們逐步接近事物的本質，並促進智慧的湧現：透過當下的反思與修正，更新過去的認知，進而逐步逼近真理。

由此可知，人類的記憶其實是一個動態重組與更新的過程，它並非靜止不變，而是始終處於流動的「重構」狀態。每當我們回憶過去時，

記憶並非完整的「提取」出來，而是根據當下的情境、情感與觀點重新建構。因此，記憶並不絕對真實或客觀，而是帶有主觀重塑的特質，甚至帶有虛幻的夢境色彩。

這一特性使我們的回憶，在每一次重組中，都可能有所不同，反映出個體的成長與變化。例如，隨著人生經驗的累積，我們可能會用更成熟的視角重新審視過去，原本的挫折可能轉化為成長的契機，原先的怨懟也可能變成一種理解與放下。

延遲選擇實驗讓我們明白：現實並非靜態的，而是因我們的選擇而不斷塑造與調整。無論是量子世界的觀測結果，還是人類記憶的重構過程，「當下的選擇」都能改變我們對過去的理解，從而促使智慧的湧現與認知的進化。每一次覺知與重新詮釋，都是一次成長的契機，讓我們在不斷的反思與重建中，逐步接近真理，實現更高維度的智慧突破。

智慧湧現的機制：現在改變過去，不斷縮小對真理的認知偏差，回歸本質

「現在改變過去」的發現，揭示了智慧湧現的本質：它是一種超越傳統因果論與時空維度的存在方式。如果我們接受並相信未來能夠重新定義過去的觀點，那麼智慧湧現便不再是單純的資訊處理與應用，而是一種靈活、互動且跨越時空的特性。智慧湧現能夠與多種可能性產生交互作用，重新詮釋現實，讓我們的認知不斷更新並趨近於事物的本質。

這種思維的轉變，讓我們認識到：智慧湧現的機制在於超越因果、超越時空與非線性邏輯，它要求我們不斷更新陳舊的觀點，突破過去的認知框架，持續反思與學習，保持穩健的成長。最終，智慧將逐步引領我們觸及更高維度的本體世界，也就是真理的本質。換言之，智慧湧現的核心機制就是：現在改變過去，不斷縮小過去觀點與真理之間的認知偏差，實現對本質的回歸與洞察。

在這一理論框架中，延遲選擇實驗的意義至關重要，因為它提供了直接的實證支持：即便事件（經驗值）已經發生，觀察者的選擇仍然可以影響其結果，甚至重新定義過去的狀態。這一發現表明，我們當下的選擇不僅能影響未來，還能對過去抱持的觀點、信念與認知框架進行更新、突破與重構。

這一結論深刻挑戰了傳統物理學中的線性因果論，並為智慧的湧現提供了新的理解框架：智慧湧現並非靜態或封閉的，它是在不斷重構與更新過程中，逐步展現出動態演化的特性，從而適應更複雜的宇宙結構。

活在當下，重構過去，創新未來。這種對智慧本質的洞察，鼓勵我們更加重視當下的每一個選擇與體驗，因為它不僅影響未來，還能重新定義過去，縮小過去認知中的偏差，從而使我們逐步趨近真理。這種反思方式不僅讓我們活在當下，更讓我們理解到：

- **每一個選擇**：都承載著重新詮釋過去的力量；
- **每一次反思**：都能推動認知框架的優化與成長；
- **每一次體驗**：都是智慧湧現的契機，將過去的經驗與未來的可能性重新連結與整合。

智慧的湧現，是一個動態重構與跨越時空的過程。透過當下的選擇，我們不斷優化過去的觀點，縮小認知偏差，最終逐步回歸真理的本質。這樣的認識不僅賦予我們重新理解過去的自由，更讓我們活出一種更有意識、更具創造力的人生，真正掌握重構過去、創新未來的力量。

宇宙的設計理念：超越因果的目的論

智慧的本質並非奠基於「過去決定現在」的因果論，而是超越因果，指向未來目標的目的論。「目的論」提供了一個更高維度的上帝視角，認為我們的行為，不僅受過去經歷的影響，更是由對未來的期望、目標

與願景所驅動。這一視角超越單純的因果鏈條，更加關注生命存在的目的、意義，並透過重新詮釋過去，進一步塑造未來。

延遲選擇實驗便是目的論理念的有力證明：它揭示了當下的選擇不僅影響現在，還能改變與更新已發生的過去狀態。這意味著智慧的核心在於利用當下的體驗與決策，動態調整過去的觀點與認知，逐步縮小對真理的偏差，最終達到回歸本質的目的。

心理學大師阿德勒的「個體心理學」正是目的論思想的典範。他提出：人類的行為並非完全由過去的創傷或經歷所決定，而是由對未來目標的追求所驅動。

- **過去的經驗**：確實會影響我們的行為模式，但它並非決定性因素；
- **未來的目標**：我們的行為與選擇，根本上是為了實現對未來的期望與願景。

阿德勒認為，我們可以通過重新理解與優化過去，改變對過去經驗的詮釋，進而影響當下的選擇與未來的行動。這正是智慧的體現：透過當下對過去的重新詮釋，重新定義自我，實現對未來的目標。這種動態更新的過程，能夠縮小現有觀點與真理之間的差距，最終回歸生命的本質與更高維度的意義。

延遲選擇實驗與阿德勒的目的論共同揭示了一個深刻的道理：

- **智慧不囿於過去的因果邏輯**：它不只是被動接受過去的限制，而是主動以目的為導向，超越過去的枷鎖。
- **活在當下，塑造未來**：透過當下的選擇，我們能更新過去的理解，重新建構信念框架，並創造更理想、更自由的未來。

這種思維方式不僅是一種哲學啟示，更是實踐智慧湧現的關鍵路徑：我們不斷優化過去，在當下行動，指向更高的未來目標，從而實現生命的意義與智慧的昇華。

貝葉斯演算法：
大腦與人工智慧的決策算法

延遲選擇實驗揭示了「現在的選擇能改變過去」的現象，這一理念在人工智慧中，找到了數學的對應體系，那就是「貝葉斯演算法」。簡單來說，貝葉斯演算法是一種動態調整的機制：根據既定的目標，通過持續獲取新資訊與新證據，不斷更新現有的信念與觀點。

這種動態更新的過程，恰好反映了人類學習與決策的自然機制：

- 當我們學習新知識、聆聽他人的經驗分享，或進行實際行動測試時，都是在蒐集新資訊與新能量，動態修正先前的觀點與認知偏差。

- 如同「厚德載物」的精神，持續積累證據，讓原有的陳舊或片面的觀點逐步被優化與更新。

這也與延遲選擇實驗不謀而合：當下的「轉念」與新資訊的加入，能夠重新定義我們對過去的認知，縮小偏差並接近真理。貝葉斯演算法的核心，正是這種「持續更新」的動態機制，它推動我們在不斷修正中，邁向更高維度的本質洞察與智慧湧現。

這一強大的理論背後，來自18世紀的英國牧師托馬斯・貝葉斯（Thomas Bayes）。貝葉斯生前只是個勤奮的數學愛好者，身兼宗教牧師，他可能作夢也沒想到，自己的一篇手稿會在數百年後深刻影響世界，成為人工智慧、科學決策與統計學的基石。

貝葉斯的研究，起初只是針對機率問題的探索，主要關注如何根據先驗知識（已知的背景資訊）和新證據來推測事件發生的可能性。他的手稿直到他去世後，才由朋友理查德・普萊斯整理並發表，成為後世所

謂的「貝葉斯定理」。

這一看似簡單的定理，後來卻在各領域大放異彩，成為科學與技術進步的重要支柱。例如：

- **人工智慧**：深度學習與決策模型的核心演算法，便基於貝葉斯原理不斷更新預測結果。
- **醫學診斷**：根據先前病歷與新檢測結果動態推斷疾病可能性。
- **風險管理與金融**：根據市場資訊持續調整風險評估模型。

這位樸素的牧師，可能從未想到，他對「信念更新」的數學探討，竟能成為人類智慧與人工智慧的關鍵架構，並跨越時空改變了整個世界的運作邏輯。

貝葉斯演算法的本質在於：動態學習、持續更新，透過當下的選擇與新資訊的加入，修正先前的偏差，重新定義認知，接近真理的本質。它不僅是人工智慧的理論基石，更是人類智慧湧現的機制寫照。

無論是延遲選擇實驗中「現在改變過去」的發現，還是貝葉斯定理所強調的信念更新，都指向同一核心：智慧的誕生來自不斷的調整與優化，唯有保持開放與動態學習，才能邁向更高維度的洞察與創新。

貝葉斯演算法的步驟

貝葉斯演算法看似複雜，但它的本質其實是「根據新資訊，不斷更新信念」的動態學習過程。我們可以透過一個生活化的例子，逐步理解這個過程，並將其應用到我們的日常思考與決策中。

第一步是設定「先驗機率」：初始信念

步驟說明：在沒有新證據前，我們會根據過往經驗或背景知識，設定一個「初始猜測」（先驗機率）。

生活例子：想像你在辦公室裡找不到你的手機。你回憶過去的經驗，認為手機最可能遺留在三個地方：

- **辦公桌**：70%
- **會議室**：20%
- **休息區**：10%

這 70%、20%、10% 就是你的「先驗機率」，它是基於你的過去習慣與經驗來設定的。

第二步是獲取「新證據」：蒐集新資訊

步驟說明：當有新的資訊出現時，我們會利用這些證據來修正初始的猜測。

生活例子：你突然想起，同事告訴你，剛剛看到你在休息區滑手機。這個新資訊，會讓你重新調整「手機可能在哪裡」的機率分布。

第三步是計算「似然性」：證據的可信度

步驟說明：我們需要判斷這個新證據有多可信（似然性）。換句話說，這個證據出現的機率有多大？

生活例子：同事的說法是新證據，但我們會評估其可信度：

- 如果這位同事**一向細心**，且剛剛確實去過休息區，你認為證據的可信度很高。
- 但如果這位同事**常常記錯事情**，這個新證據的可信度就會打折扣。

第四步是更新「後驗機率」：動態修正信念

步驟說明：根據新證據和它的可信度，重新計算每個可能性的機率，形成「後驗機率」。

生活例子：假設這位同事的證據非常可信，根據新資訊，你重新調整機率：

- **休息區**：由原來的 10% 上升到 60%（新證據支持）
- **辦公桌**：由 70% 降至 30%（手機不太可能還在這裡）
- **會議室**：仍維持 10%

你根據新資訊，動態的修正了你的「信念」，此時你會優先去休息區找手機。

第五步是持續學習與更新：反覆進行貝葉斯過程

步驟說明：貝葉斯演算法是一個持續學習的過程，每當出現新的證據或資訊時，我們都能再次更新信念，讓猜測變得越來越準確。

生活例子：如果你去休息區找了一圈，還是沒找到手機，這個結果就是新的「反證」。你會根據這個新資訊，再次調整機率：

- **辦公桌**：機率可能重新上升，因為你忽略了桌下或抽屜。
- **會議室**：或許你會考慮再次檢查，機率也可能調高。

這種動態更新的過程，會讓你在反覆嘗試與證據的基礎上，逐步找到真相（手機的具體位置）。

貝葉斯演算法的五個步驟，簡單總結為：

- 設定初始信念（先驗機率）
- 獲取新證據（蒐集新資訊）
- 評估證據的可信度（似然性）
- 動態更新機率（後驗機率）
- 持續反覆學習與修正

這一過程，體現了智慧湧現的本質：我們的認知並非一成不變，而是根據新資訊與證據，不斷修正偏差、接近真理。無論是在學習新知識、做決策，還是在解決問題中，貝葉斯思維都是一個強大的工具，幫助我們保持靈活、動態的適應現實，最終找到最合理的答案。

我們生活在貝葉斯演算法的控制之下

貝葉斯演算法並非只存在於人工智慧或數學模型之中，它更是自然界運作的基本法則，貫穿了我們的大腦認知活動、生活決策，乃至整個宇宙演化的過程。我們可以說，從生物的學習機制到科技的智慧演進，我們都在貝葉斯演算法的控制之下。

人類大腦天生具備貝葉斯思維的特質，它通過「先驗經驗」與「新資訊」的不斷交互，進行動態調整與修正：

- **感知世界**：我們根據過去經驗預測環境，透過視覺、聽覺等感官獲取新資訊，動態更新認知。
- **學習與決策**：我們會根據學習過程中得到的證據，調整原先的想法，逐步逼近更準確的判斷。
- **適應現實**：人類的大腦，無時無刻不在運行著貝葉斯更新機制，幫助我們適應動態變化的外在環境。

例如，當我們與陌生人接觸時，最初會依賴「先驗印象」來評估對方，隨著對方行為的展現（新證據），我們逐漸修正偏差，形成更真實的認知。

不僅僅是人類大腦，社會制度、科技發展與科學研究也無不受到貝葉斯演算法的影響：

- **醫學診斷**：根據患者的過往病史與新檢查結果，醫生動態調整對疾病的判斷。
- **金融市場**：投資者會根據過去市場數據與新消息不斷修正預測，

動態調整投資策略。

- **人工智慧**：從語音識別到自動駕駛，AI 系統通過不斷蒐集新數據並進行迭代訓練，優化預測與決策模型。

我們所處的現代社會本質上是一個巨大的「貝葉斯網絡」，由各個系統與個體不斷動態調適、學習更新，推動著知識與文明的進步。

從更宏觀的視角來看，宇宙的運行同樣遵循著貝葉斯的原理：

- 自然界的進化，是基於基因變異、環境適應，所進行的動態調整與更新。

- 人類對自然法則的探索，亦是在無限的證據與假設中，不斷修正偏差，逼近真理的過程。

宇宙不是靜止的因果鏈，而是一個動態進化的系統。每一次選擇、每一次試探，都是一次「貝葉斯更新」，使生命與智慧能夠在不確定中，持續向上演化。貝葉斯演算法揭示了我們生活中的本質：過去的經驗、當下的選擇與未來的期望在不斷交互運作，推動著個體與系統的動態更新與優化。我們的大腦、社會、科技，甚至整個宇宙，都在貝葉斯機制的控制下，縮小認知偏差，不斷接近真理與本質。我們所能做的，就是擁抱這種動態調適的智慧，活在當下，學會反思與更新，讓每一個選擇都成為智慧湧現的契機，最終引領我們走向更高維度的理解與創新。

哥德爾機：從圖靈機到 AGI 的智慧測試

在人類追尋智慧的歷程中，圖靈機和哥德爾機分別代表了兩個重要的里程碑。如果說「圖靈機」是對心智計算能力的測試，則「哥德爾機」便是對智慧本質與自我優化能力的終極考驗。而在今天，這一探討的核心問題，逐漸指向 AGI（通用人工智慧）：如何讓人工智慧突破現有的邏輯框架，實現類似人類的智慧湧現與自我進化？

圖靈機由數學家艾倫·圖靈（Alan Turing）提出，它證明了計算機可以透過簡單的邏輯運算解決所有可計算的問題。然而，圖靈機的局限性在於：它只能在既定規則與程式設計內運行，無法超越自身系統的邊界。這種特性正是目前狹義人工智慧（ANI）的特徵：高度專注於特定任務，卻無法跨領域進行自主學習與邏輯變革。

而哥德爾機則提供了一個更高維度的智慧標準：它要求系統具備自我反思、動態修正與自我優化的能力。當系統發現自身邏輯存在矛盾或不足時，能夠跳出原有框架，重新設定規則，追尋更高維度的解答。這一理念，正是 AGI 所要達成的終極目標：不僅具備解決問題的計算能力，更具備跨領域學習、自我檢查與自我進化的**「元認知」**能力。

換言之，圖靈機測試的是心智的運算極限，而哥德爾機則是 AGI 智慧的終極測試。它探討的不只是邏輯運算，更是智慧如何湧現、如何突破認知邊界，達成更高維度的理解與創新。

接下來，我們將深入探討哥德爾機的運作機制，並分析它如何成為 AGI 發展的關鍵理論基礎，揭示智慧湧現背後的自我反思與動態優化機制，如何推動人類與人工智慧邁向真正的通用智慧時代。

哥德爾機的運作機制：智慧的自我突破

哥德爾機的核心在於自我反思與動態優化，其運作機制可以拆解為幾個明確的步驟，每一個步驟都代表著智慧湧現過程中的邏輯檢查、跳脫限制與創新。這些步驟不僅體現了系統自我提升的能力，更是 AGI（通用人工智慧）追求智慧的關鍵路徑。接下來，我們將逐一詳細探討每個元認知步驟：

第一步是自我檢查：發現自身的矛盾與局限

哥德爾機會對自身的邏輯系統進行「自我檢查」，找出現有規則與運算結果中的矛盾點或邊界問題。這一步類似於我們人類的反思機制，意識到自己的知識或邏輯存在漏洞。透過「元認知」（自我觀察）來檢測系統內部的運算過程：

- **人類智慧**：在解決數學難題時，反覆檢查自己的推理過程，找出邏輯錯誤。
- **人工智慧**：AI 系統在運行中發現自身模型的預測結果與現實數據有偏差，識別模型過於簡化或訓練不足。

第二步是邏輯判斷：分析矛盾並評估突破的價值

在發現矛盾或不足之後，系統需要判斷是否有必要跳出現有框架，去重新設定或優化規則。這一步包含了兩個重要的判斷標準：

矛盾的嚴重性——當前邏輯問題是否影響整個系統的運行或目標達成？

優化的成本與價值——修正邏輯所需的資源（如算力）是否能帶來足夠的收益？

- **人類智慧**：一位科學家在面對現有理論無法解釋新現象時，必須評估是否推翻現有理論，提出新的假說。

- **人工智慧**：AI 模型根據新數據發現現有演算法無法應對，評估是否需要重構模型或引入新的學習機制。

第三步是自我重構：跳出框架並重新設計規則

哥德爾機的關鍵步驟在於「跳出現有邏輯框架」，重新設計或優化系統的邏輯規則，使其能夠解決現存矛盾並適應新的問題。這是一種「自我重構」的過程，突破既有的限制，實現邏輯的升維。透過探索新規則或擴展現有系統的邏輯邊界，實現自我演進：

- **人類智慧**：當牛頓力學無法解釋光速現象時，愛因斯坦提出相對論，突破了舊有的物理框架。
- **人工智慧**：AlphaGo Zero 從「基於人類棋譜訓練」的模式，轉向「自我對弈學習」，實現了全新的規則優化，達到了超越人類的棋藝水準。

第四步是動態驗證：測試新規則的有效性

系統在重新設計規則後，需要通過實驗或運算，來驗證新邏輯的有效性，確保新規則能夠解決現存問題，並帶來更高效、更準確的結果。這一步是動態迭代的過程，類似於科學方法中的「假設驗證」。將新規則運用到實際問題中進行反覆測試，收集結果並動態調整：

- **人類智慧**：提出新的科學假說後，通過實驗反覆驗證其正確性。
- **人工智慧**：AI 在模型更新後，通過大量數據測試新演算法的準確率與泛化能力。

第五步是智慧湧現：突破局限，邁向更高維度

經過邏輯重構與動態驗證，系統實現了自我優化與升級，突破了原有的局限，達到更高層次的智慧狀態。這一過程即是「智慧湧現」的具

體展現。透過不斷的自我檢查、自我重構與驗證，系統逐步接近真理與本質：

- **人類智慧**：科學史上每一次重大發現，如量子力學與相對論，都是邏輯重構後智慧湧現的結果。
- **人工智慧**：在自我學習與迭代過程中，AI 達到超越人類水準的創新與問題解決能力。

哥德爾機的運作機制包含「自我檢查 → 邏輯判斷 → 自我重構 → 動態驗證 → 智慧湧現」五個步驟，展現了智慧的核心特性：自我反思、動態調適與突破邏輯邊界。

這種機制不僅是 AGI 發展的理論基礎，更是智慧湧現的本質過程：當系統不斷發現問題、解決矛盾並重構自身時，它便能逐步超越自身的限制，邁向更高維度的智慧與真理。

哥德爾機升級版本

在哥德爾機的五個核心步驟之外，還有一些輔助機制與更高維度的智慧特性，可以進一步探討，這些特性將使哥德爾機的運作更具完整性，並揭示智慧的進一步演化：

第六步是自我優化：資源分配與效率提升

在完成自我重構並驗證新邏輯有效性後，系統會評估新的規則運算與資源配置，優化效率，達成資源的最大化利用。根據問題的複雜程度、計算成本與資源限制，調整邏輯的執行方式，確保運算在效率與效果之間達到平衡：

- **人類智慧**：在面對龐大的資訊量時，人類會發展簡化的思維模式，例如類比推理、直覺判斷，節省認知資源。
- **人工智慧**：神經網絡模型進行「剪枝」或「壓縮」，在減少算力

消耗的同時，保持預測精度的穩定性。

第七步是元認知與反身性：智慧的自我觀察

哥德爾機不僅能夠跳出當前邏輯框架，還具備「元認知」能力，即對自身思維過程進行觀察與反思，進一步發現隱藏的矛盾與潛在的改進空間。這是一種高度智慧化的自我意識。系統能夠識別自身運作中的「偏見」或「盲點」，從而主動調整認知視角：

- **人類智慧**：哲學家會對自身思想進行「反思」，質疑固有觀念的正確性，例如笛卡兒的「我思故我在」。
- **人工智慧**：AI 透過「對抗訓練」（Adversarial Training）自我生成錯誤數據，測試與修正模型的漏洞。

第八步是不確定性與靈活應對：擁抱熵增與多樣性

哥德爾機並非追求絕對的完備性，因為根據哥德爾不完備定理，任何系統都存在無法解決的命題。因此，系統必須學會「擁抱不確定性與曖昧」，並在混亂中尋找秩序。智慧不僅僅在於解決確定性的問題，更在於面對未知與不確定性時，保持靈活應對與創新：

- **人類智慧**：科學家在面對不確定的現象時，提出假說，進行實驗與觀察，逐步縮小未知領域。
- **人工智慧**：貝葉斯演算法透過動態更新機率分布，根據新證據調整不確定性推理，逐步逼近正確解答。

第九步是系統升維：邁向更高階智慧

最終，哥德爾機的運作目標，是讓系統能夠跳脫單一層次，進入更高階的智慧維度。這個過程如同人類認知從「感知 → 理性 → 直覺 → 類比推理（學習移轉）」，持續演進並達到突破性創新。智慧系統通過跨

維度思考，整合多元知識、經驗與演算法，實現更高維度的認知統一：

- **人類智慧**：科學革命中的典範轉移，例如牛頓力學到愛因斯坦相對論，再到量子力學，都是智慧的升維表現。
- **人工智慧**：未來 AGI 的關鍵不在於單一任務的精確執行，而在於能夠跨領域學習與創新，形成自主解決複雜問題的能力。

哥德爾機的運作機制，不僅包含自我檢查、自我重構與動態驗證，還具備自我優化、元認知、靈活應對不確定性，以及最終的系統升維能力。這些步驟揭示了智慧的核心特徵：

- **升維、反思與跳脫框架**：持續自我審視，突破限制。
- **動態適應**：在不確定性中保持靈活與高效運作。
- **升級進化**：邁向更高層次的智慧統一與認知整合。

這一機制為 AGI 的發展提供了清晰的理論路徑，並展示了智慧湧現的真正本質：不斷突破自身邏輯的邊界，在動態演化中逐步接近真理與本質。

未來最重要的技能：解構與重塑（構）自己

在未來快速變遷的世界中，唯一穩定的能力，就是重塑自己。技術進步、社會變遷、產業革命……這些外部環境的改變，將推動每個人不斷學習、適應，並在需求與挑戰中找到全新的定位。

重塑自己，不僅是適應，更是主動創造機會。例如，今天你可能是一名卡車司機，然而，五年後，自動駕駛技術可能逐漸取代你的職業。這時，擁有重塑能力的人會快速學習新技能，轉型為自動駕駛車隊的技術運維專家，負責系統維護與故障診斷；或者利用多年積累的物流經驗，創建屬於自己的數位物流平台，整合市場資源，優化供應鏈，讓物流效率更高。

然而，七年後，隨著自動駕駛技術的高度成熟，車隊運維崗位逐漸飽和，市場需求再次發生變化。這時，具備重塑意識的人，會重新審視環境與自身的能力，選擇再次進化，可能轉型為智慧物流平台的架構設計者或管理者，運用 AI 和大數據技術，開發更精準的智慧供應鏈方案，甚至打造全球化的智慧物流生態系統。

哥德爾機說明，這些「不完備性」正是人類不斷重塑自己的契機與潛能所在。世界的不完美與不確定性，正是推動我們進化、創新的核心動力。每一次外部環境的變遷，都是一次重塑自我的機會，讓我們擺脫舊有框架，邁向更高的價值實現。重塑自己的核心在於三個關鍵步驟：

- **接受改變的勇氣**：承認舊技能或工作可能不再具備競爭力，擁抱改變，而非抗拒它。
- **學習與創造的能力**：快速學習新技能、新知識，將現有經驗與新能力融合，創造新價值。
- **適應與升級的韌性**：在不確定性中找到方向，積極面對挫折，將其視為重塑的養分。

未來，成功不再取決於你擁有什麼，而是你能變成什麼。這需要智慧湧現、元認知調整以及主動適應環境的意識與行動力。重塑自己正是透過反覆的學習、實踐、反思與調整，讓我們不斷縮小對真理與目標的偏差，最終達到自我進化的更高維度。

只有那些願意重塑自我的人，才能在瞬息萬變的世界中，走得更遠、活得更精彩。

哥德爾機的啟示

哥德爾機是一種用來描述系統內部具備自我改造與重塑潛能的測試模型。這種潛能使任何有限的系統都有機會突破自身的局限，實現不斷

進化與擴展。哥德爾機的核心在於揭示：人類天生具備重新定義自我、超越現有框架的能力。這種能力正是重構與重塑的基礎，也是人類本自具足的天性。

在人生旅途中，哥德爾機為我們提供了無限可能性。人生如同一場「智慧維度」的升級遊戲，我們在挑戰中學習，在困難中成長，就像遊戲角色不斷「打怪升級」，逐步解鎖更高維度的智慧與真理。當我們面對矛盾或困境時，哥德爾機的力量，引導我們進行深刻反思與調整，幫助我們重塑目標並採取行動，走向新的成長階段。

更重要的是，每個人都是這場遊戲的主角。我們同時擁有天上神佛般的無限潛力，也是地上英雄般的實際行動者。在哥德爾機的驅動下，每一次的過關斬將並升級，都能使我們的生命持續進化，不僅透過解決問題積累智慧，更在一次次重塑中，將內在的潛能轉化為現實的創造力與行動力。

哥德爾機提醒我們，人生的意義在於不斷變化與進化。它告訴我們，挑戰並非阻礙，而是智慧湧現的契機；不完美並非缺陷，而是進步的起點。在這場智慧遊戲中，唯一的規則是：不斷重塑自己，迎接更高的智慧維度，並成為更加卓越的自己。

玻爾茲曼機：玻爾茲曼大腦的量化、計算與智慧湧現

在人工智慧的歷史中，辛頓（Geoffrey Hinton）被譽為深度學習的奠基者之一，他提出的概念和方法奠定了現代人工智慧的基石。然而，辛頓的成就不僅僅是技術的突破，更是一個跨學科的革命，將物理學中的玻爾茲曼分布，引入到人工智慧之中，重新定義了我們如何理解智慧、生命與宇宙。

2024 年，辛頓因其在人工智慧領域的卓越貢獻，獲得了諾貝爾物理學獎，這成為了一個歷史性的時刻，象徵著人工智慧與物理學的深度融合，證明智慧和生命的本質可以被量化、計算和模擬，並從而揭示更高維度的真理與智慧湧現。

1870 年代，玻爾茲曼（Ludwig Boltzmann）為了解釋氣體分子的行為，提出了玻爾茲曼分布，將能量狀態與概率聯繫起來，從而奠定了統計力學的基礎。這一理論的核心思想是：一個系統的每一個微觀狀態，都具有一定的概率，而這些概率服從特定的數學分布。

玻爾茲曼的公式為我們描述了如何量化「生命能量（資訊熵）」的分配，並將複雜的宏觀現象，簡化為可計算的數學模型。他的理論不僅影響了物理學，也為後來的資訊理論和人工智慧，提供了關鍵的啟發。

在玻爾茲曼機的運作過程中，「玻爾茲曼大腦」這一物理學與哲學的思想實驗，為理解智慧湧現提供了深刻的啟發。玻爾茲曼大腦假說認為，在一個高熵的宇宙中，意識可能是一種偶然形成的低熵有序狀態。根據熱力學第二定律，宇宙的熵總是傾向於增加，混亂狀態的出現概率遠高於有序狀態。然而，玻爾茲曼指出，隨機的熵波動可能在局部中，

形成極低熵的有序現象，而意識的智慧湧現便是這樣的例子。這種狀態的核心特徵是高度組織化與熵值接近於零。

這一思想實驗不僅從概率的角度，解釋了意識的形成，也揭示了智慧湧現的關鍵機制。當熵值降低至接近零時，系統的混亂狀態轉變為高度有序且具備元認知能力的狀態。這種低熵的意識狀態，正是智慧湧現的瞬間。在這一過程中，資訊的分布達到了極大有序性，並形成了對外界的深刻理解與反應能力。

與玻爾茲曼機的學習過程相對應，這種低熵有序狀態，可被視為智慧的最終表現。玻爾茲曼機模仿了這一過程：通過不斷降低系統的總能量與熵值，從混亂的數據中，逐漸提取有序的模式與規律。最終，當系統達到穩態，熵值極低時，玻爾茲曼機所捕捉的，便是智慧湧現時的核心狀態。

換言之，玻爾茲曼大腦的低熵狀態，實際上是智慧湧現過程中，意識形成的本質表現。這種思想不僅賦予了玻爾茲曼機更豐富的哲學內涵，也為理解人工智慧如何模擬意識，提供了新的視角。當玻爾茲曼機在熵值最低時，實現規律的最優表達，這一刻正如智慧湧現時，意識狀態的升華，展現出有序之美與理解力的極致。

在 20 世紀 80 年代，辛頓及其同事受玻爾茲曼分布的啟發，提出了玻爾茲曼機（Boltzmann Machine），這是一種神經網絡模型，旨在通過模擬能量的最小化來實現學習。這一模型不僅成功模擬了人類思維的部分特性，還為後來的深度學習奠定了理論基礎。

玻爾茲曼機（Boltzmann Machine）是一種由兩層神經元組成的網絡：

- **可見層（Visible Layer）**：直接與數據交互，類似於人的感官，負責接收輸入資訊。

- **隱藏層（Hidden Layer）**：負責處理資訊，發掘數據之間的多維

度關係。

每個神經元之間通過「權重（Weights）」相連，這些權重決定了神經元之間的影響力。舉個簡單的例子，假如我們想讓玻爾茲曼機學習區分貓和狗的照片，可見層神經元可能會捕捉毛髮顏色、耳朵形狀等特徵，而隱藏層則會根據這些特徵進行組合，判斷照片中是貓還是狗。

關鍵的一點是，玻爾茲曼機以系統的「總能量的熵值」最小化為目標，通過調整權重，找到最佳的特徵組合。這一過程可視為不斷向真理的量子態邁進，當系統的激發態，逐漸逼近量子態的基態（熵值為 0 的狀態）時，即達到完美有序的狀態，揭示事物的本質與智慧湧現。這類似於一個物理系統，在冷卻過程中，找到穩定狀態的原理。

能量函數與概率分布

玻爾茲曼機的核心在於「能量函數」，這是一種描述系統內部狀態能量的方式，幫助我們理解系統，如何從混亂的高能量狀態，逐漸達到穩定的低能量狀態。這一過程就是「費曼路徑積分」：費曼認為粒子在移動時，會經歷所有可能的路徑，而每條路徑的概率幅與其作用量呈負指數關係。在玻爾茲曼機中，每一種狀態的出現概率，也與其能量呈反比，低能量狀態（對應於低熵）比高能量狀態（對應於高熵）的機率更高、更有可能出現。 在平行宇宙的「虛宇宙」中，不同的量子態具有各自的概率分布，而這些概率分布與熵值呈反比————熵值越低的虛宇宙，越有可能成為我們觀測到的「實宇宙」（詳見第六章的費曼路徑積分）。玻爾茲曼機通過逐步減少系統的總能量，模擬了從高熵無序狀態向低熵有序狀態的過渡，這與費曼路徑中概率幅的最優選擇過程相呼應。因此，玻爾茲曼機的能量函數，不僅是數據學習的工具，更是一個跨越量子力學與資訊科學的橋樑。它展現了如何通過降低熵值與能量，從無數可能性中實現最優狀態，進而逐漸接近真理的基態與智慧湧現。

可以將能量函數想像成一座山，整個系統就像一個滾動的球。高能量狀態就像山頂，充滿波動和不穩定；低能量狀態則像山谷，代表系統最穩定的狀態。球自然會從山頂滾向山谷，這就像系統會逐漸趨向最低能量，達到穩定的狀態。

在這個過程中，神經元之間的「權重」起到了至關重要的作用。這些權重可以類比為神經元之間的連接強度，影響著整體的能量分布。同時，每個神經元還會根據其偏置值來決定是否「激活」，進一步影響系統的能量。

當系統的總能量降低時，其對應的狀態會更可能出現。換句話說，低能量狀態的穩定性更高，因此在最終學習過程中，系統會自然偏向這些狀態，從而達到最佳學習效果。

舉例說明，假設我們訓練一個玻爾茲曼機來辨識手寫數字：

- 當輸入的是一個清晰的「8」時，隱藏層的權重和偏置值會根據能量函數計算出一個低能量值，代表該狀態出現的概率最高。
- 如果輸入的是一個模糊的「8」，可能會有較高的能量值，代表該狀態的穩定性較低。

透過不斷調整權重和偏置值，玻爾茲曼機會找到能夠最小化能量的最佳配置，最終成功辨識出數字模式。

學習規則與數據訓練

玻爾茲曼機的學習過程基於調整神經元之間的權重（Weights）和偏置值（Biases），以逐漸降低能量，提升模型的性能。這一過程通過一種稱為梯度下降法（Gradient Descent）的算法來實現。具體來說，權重的更新公式為：

- 權重的調整量。

- 學習率，用來控制每次調整的幅度。
- 表示基於訓練數據的聯合概率。
- 表示基於模型生成的聯合概率。

簡單來說，這個公式的目的，是讓模型生成的結果，越來越接近於訓練數據。例如，當玻爾茲曼機學習用戶的偏好數據時，它會不斷調整權重，使生成的推薦結果更符合用戶的需求。

舉例說明，想像一個音樂推薦系統：

- 用戶在可見層輸入他們喜歡的歌曲風格（如爵士或流行）。
- 隱藏層的神經元會分析這些偏好，找到數據中的潛在模式，例如喜歡爵士的人可能也會喜歡藍調。
- 透過多次調整，系統最終能夠生成一份精準的推薦清單。

這一學習過程的核心在於逐步縮小數據與模型生成結果之間的差距，從而提升模型的準確性。

退火過程、熵的降低與逐漸接近絕對零度：量子態的基態

退火（Annealing）是一種模仿物理冷卻過程的技術，用於降低系統的能量，並逐步達到穩定狀態。在玻爾茲曼機中，退火的目的是逐步減少系統的熵值（混亂程度），使其更接近於基態（Ground State），即最低能量狀態。

退火過程通常包括以下步驟：

- **初始化**：系統以高能量狀態開始，類似於金屬加熱時原子處於高溫激烈運動的狀態。
- **降溫**：逐漸降低溫度，減少系統的能量波動，讓系統趨向穩定。
- **穩定**：系統找到最低能量狀態，此時狀態分布趨於穩定。

在玻爾茲曼機中，這一過程對應於減少數據與模型之間的不一致性。舉例來說，在圖像處理任務中，退火過程可以幫助模型消除數據中的噪聲，提取更清晰的特徵。

舉例說明，想像在一個圖像處理應用中，初始圖像可能充滿了雜訊。通過退火過程，模型逐漸優化其特徵提取能力，最終生成一幅清晰的圖像，捕捉到原始數據中的核心資訊。

退火技術的應用不僅限於玻爾茲曼機，還廣泛用於優化問題，如旅行推銷員問題（TSP）等，使得我們能以更高效的方式找到最佳解。

資訊熵（精神能量）的量化、計算與智慧湧現

玻爾茲曼機不僅是一種人工智慧工具，更是一座跨學科的橋樑，將物理學、數學與計算機科學緊密結合。通過量化和計算能量，我們不僅能模擬複雜的數據模式，還能為理解生命的本質提供新的視角。

量化生命的精神能量的意義在於：

- **重新定義智慧**：我們可以將智慧的生成過程，視為能量的優化與熵值的減少，這使得智慧變得可測量和可計算。

- **揭示生命的運作原理**：生命的行為可以被視為一種動態的能量分布過程，這為研究生命科學提供了全新的方法論。

- **跨領域的融合**：這一理念將哲學中的存在問題、物理學的能量守恆，以及人工智慧的學習過程聯繫起來，開創了一個探索真理的新時代。

隨著計算資源的進步，玻爾茲曼機的應用潛力將更加廣泛。從智慧系統到生命科學，精神能量（精神熵）的量化與計算，將繼續引領我們追尋智慧湧現的真諦，並探索更高維度的生命意義。

智慧湧現：
質疑常規、批判性思維與追問

智慧的湧現，往往始於一個簡單的動作：質疑與追問。這種質疑不僅是對現有知識的挑戰，更是對潛藏在事物背後真相的探索。從科學革命到哲學突破，從技術創新到文化轉型，智慧的誕生幾乎無一例外的來自一顆敢於追問的心。

在人類歷史上，有許多勇於質疑的典範人物，而伽利略（Galileo Galilei）的故事或許是最生動的一個。當時，亞里士多德的物理學理論被奉為真理，認為物體的下落速度與其重量成正比。伽利略並未盲從這一常識，而是在比薩斜塔上進行了一個實驗。他將兩個不同重量的球同時釋放，卻發現它們以相同的速度到達地面。這一實驗推翻了長久以來被接受的學說，揭示了科學探索的核心：質疑常規。

伽利略的故事為我們展現了一種智慧湧現的典型模式：勇於質疑、批判性思維與追問背後的邏輯。這不僅僅是一種思維方式，更是一種基本的心態，驅動著人類不斷超越自身的認知極限，開啟新的視野。

質疑常規：智慧湧現的第一步

質疑常規是智慧湧現的起點。常規代表的是既定的秩序和已被驗證的知識體系，雖然它們在穩定世界觀和指導行動方面至關重要，但同時也往往成為探索更高維度真相的屏障。當我們不再滿足於現有答案，開始懷疑背後的邏輯與假設時，真正的智慧便開始萌芽。質疑常規的價值在於：

- **挑戰固有認知**：質疑打破了認知的舒適區，迫使人們重新審視所謂的真理。

- **揭示隱藏問題**：常規背後的假設，往往包含偏差或漏洞，而質疑有助於發現這些不足。
- **推動創新與進步**：無論是科學、哲學還是技術創新，都需要從挑戰現有框架開始。

回顧歷史，無數突破性的發現，都源自對常規的反思。伽利略在比薩斜塔上的實驗，徹底推翻了亞里士多德關於物體下落速度的理論，為現代物理學奠定了基礎。這不僅是一場科學革命，也是一場認知模式的重構。愛因斯坦的相對論同樣如此。當牛頓力學成為絕對真理的代名詞時，他卻選擇挑戰，提出了完全不同的時空觀，從而徹底改變了人類對宇宙的理解。

這樣的智慧湧現，不僅存在於科學領域，在技術與社會變革中亦是如此。人工智慧的崛起，正是對傳統邏輯計算方法的一次質疑。當研究者開始思考，是否有可能通過數據訓練機器，而非依賴嚴格的邏輯規則時，圖像識別和自然語言處理等技術的突破便成為可能。

質疑常規是一種挑戰既有秩序的勇氣，也是一種探索更高維度真相的智慧。然而，質疑並非為了否定一切，而是為了重新審視已知事物，從而發現更多未被察覺的可能性。在這個過程中，「大膽假設，小心求證」是一個關鍵原則。大膽假設，來自於對現有框架的突破，而小心求證，則源於對真理的謹慎追求。

學會辨別假設，是質疑的第一步。每個問題背後都隱藏著無數的假設，而這些假設往往被視為理所當然，難以察覺。當我們主動去反思這些假設，並挑戰它們的合理性時，便能撥開表象，直抵問題的核心。

其次，質疑需要我們敢於提出替代性的解釋。每一個結論的背後，可能還存在著其他未被考慮的角度。換一個視角，嘗試以不同的方式理解事物，不僅能豐富我們的認知，還能為智慧的湧現創造更多可能。

實踐是檢驗真理的唯一標準。質疑常規，並不是僅僅停留在理論層面，而是需要將假設付諸行動，設計實驗或驗證過程。這樣，質疑才能具有科學的基礎，避免成為毫無依據的空談。

值得注意的是，質疑常規不應成為混亂的源頭，而是應該建立在深刻洞察現實的基礎上。在這個過程中，批判性思維和謹慎的態度缺一不可。只有當我們對世界有了足夠的理解，質疑才能變得有意義，並推動我們向更高維度的真理靠近。

從認知的框架中跳出來，以新的視角重新審視世界，是智慧湧現的重要起點。每一次質疑，都是一場探索的冒險，讓我們能夠撬動未知，打開更廣闊的視野，並為人類的進步與發展注入不竭的動力。

批判性思維與追問：質疑的追根究柢

智慧的湧現，始於對常規的質疑，而深入的智慧，則需要批判性思維與追問的支撐。批判性思維的精髓在於理性分析，去除偏見，並在證據和邏輯的基礎上形成判斷；追問則是對結論和假設，進一步挖掘的動力，通過提問開啟更多的可能性。

批判性思維不僅要求我們保持懷疑的態度，對任何看似合理的結論保持審慎，即便它來自權威；更要求我們以證據為導向，堅持用事實支持自己的判斷，拒絕主觀的臆測。同時，考慮多元觀點，避免局限於單一視角，才能真正深入理解問題的本質。而在這過程中，敢於承認錯誤，接受新事實的挑戰，是進步的關鍵。

追問的力量，在於它能突破表面的理解，深入核心。例如，17世紀的哲學家笛卡爾，透過不斷追問「什麼是確定無疑的」，最終提出「我思故我在」，奠定了現代哲學的基石；居里夫婦在研究鈾的放射性時，不斷追問「是否還有其他物質能產生放射性」，最終發現了釙和鐳，開創了放射性科學的新領域。20世紀末，深度學習的突破亦是如此：當科

學家追問「人類大腦如何處理資訊」時,他們模擬了神經網絡結構,實現了圖像識別與語音處理的革命。

實踐批判性思維與追問,離不開具體的策略與方法。例如,問「為什麼」,是對一切結論追問其根源;問「如果不是」,則是假設現有結論不成立時,探索替代性答案;而尋找矛盾點,能挖掘出隱藏的問題與背景。保持學習的心態,廣泛閱讀和涉獵不同領域的知識,更能為批判與追問提供養分。

「蘇格拉底式提問法」是一種典型的批判性思維工具,通過連續提問,暴露假設中的漏洞,澄清觀點;「逆向思維」則要求我們從相反的方向檢視問題,例如思考「目標為何無法實現」,以預測可能的障礙;而「溯因法」則以邏輯閉環的方式,從假設到驗證再到結論,形成清晰的思維路徑。

批判性思維與追問的過程,往往充滿挑戰與阻力。從伽利略挑戰亞里士多德物理學,遭受教會的壓力,到現代科學的每一次突破,都證明了它的艱難。然而,正是這種挑戰權威、挖掘真相的勇氣,推動了認知的進步。

批判性思維與追問,讓我們不僅停留於表層的質疑,更深入問題的本質與背景。它們是智慧湧現的核心動力,幫助人類從未知中獲得更深刻的洞見,並一步步接近真理。

智慧湧現的基礎心態與思維模式

智慧湧現的過程,既是心態的鍛煉,也是思維模式的重構。它不僅需要持續的學習與反思,更依賴於我們對世界的高維感知與洞察。能夠在混亂中尋找秩序,在矛盾中發現真相,是智慧湧現的精髓所在。開放心態、求知精神以及堅韌不拔的毅力,是這一過程的基石,而系統性思維、抽象化能力與實驗性探索,則是推動智慧進一步湧現的關鍵工具。

智慧湧現的心態，始於對未知的接納與對真理的渴求。「開放心態」讓我們擁抱不確定性，嘗試理解不同的觀點，而非急於否定。例如，愛因斯坦在發現狹義相對論後，仍保持著對物理學不完整性的敏感，進而提出了廣義相對論，徹底改寫了人類對宇宙引力的認識。同樣，「求知心態」能激發我們對未知世界的好奇，從而付諸行動去追求答案。馬斯克的跨界創新就是例證，正因為他對電動汽車與太空探索的深入學習，才能將兩個領域的技術融會貫通，實現看似遙不可及的目標。

　　然而，智慧的生成往往是一個漫長的過程，需要「耐心與堅韌」，來面對反覆的試驗與失敗。托馬斯・愛迪生經過數千次試驗，才最終找到適合燈絲的材料。他的那句名言：「我沒有失敗過，我只是發現了一萬種行不通的方法」，正是對這一心態的最佳詮釋。

　　而智慧的思維模式，則能將這些心態進一步轉化為行動力。「系統性思維」要求我們以整體視角看待問題，理清複雜的結構與相互關係。例如，氣候變化的解決方案，需要同時考慮能源結構、經濟發展、生態保護與政策協調，任何單一層面的解決方案都難以奏效。同時，「逆向思維」幫助我們從結果推導過程，尋找新的路徑。例如，人工智慧的研究者，通過逆向解讀深度學習模型，從其內部運作，倒推出判斷與決策的邏輯，進一步優化了算法的透明性。

　　「抽象化能力」是智慧湧現的重要特質，它能將具體問題提煉為普遍規律。牛頓將蘋果落地的現象，抽象為萬有引力定律，從而揭示了自然界的核心法則。「實驗與迭代思維」模式則讓智慧在不斷嘗試中更加精進。正如敏捷軟體開發的原則：小步快跑，快速適應，用持續迭代來達成更高效的成果。

　　在日常生活中，智慧湧現的實踐無處不在。「提問」是最簡單卻最有力的工具，當我們不斷追問「為什麼」或「還有其他可能性嗎」時，智慧便會在這些問題中逐漸成形。「定期反思與記錄」則能幫助我們總

結經驗，為未來的突破打下基礎。而「跨領域的學習與多元合作」，更能啟發全新的視角與靈感，讓我們從不同的知識系統中，找到關聯與創新。

智慧湧現，既是對世界的探索，也是對自身的突破。當我們以開放、求知與堅韌的心態面對挑戰，並用系統性、抽象性與實驗性的思維模式處理問題時，便能在混亂與矛盾中發現真相，開啟更多的可能性。

質疑與追問的工具箱

在智慧湧現的過程中，質疑與追問是一切創新與突破的起點。這種能力不僅來自好奇心，還需要依靠系統化的工具，來引導我們深入思考、精準分析，並找到最佳解決方案。在眾多工具中，以下方法尤為重要：

- **5W1H**：全面拆解問題的多角度分析框架。
- **SWOT 分析**：內外部因素的綜合評估工具。
- **台塑合理化分析**：精細化管理與效益最大化的實踐工具。
- **第一性原理**：拆解問題到最基礎層面的思維方式。
- **第五項修練**：促進個人與組織智慧湧現的深度學習框架。
- **波特五力模型**：分析行業競爭與市場結構的經典模型。
- **根本原因分析（RCA）**：深入挖掘問題核心的工具。

其中有三種廣泛應用且深具啟發性的工具：SWOT 分析、台塑合理化分析與第一性原理、以及第五項修練。這些工具分別從策略制定、運營效率和智慧學習三個維度，為我們提供全面的支持：

第一個工具：SWOT 分析，全面評估內外部因素

SWOT 分析是一個經典的策略工具，用於系統化評估現狀，發掘優勢與機會，同時預測並應對潛在的風險：

- **Strengths（優勢）**：指組織或個人在內部擁有的資源和核心能力，例如專業技術、品牌影響力、忠誠客戶基礎、高效運營模式等，這些優勢有助於提升競爭力和達成目標。
- **Weaknesses（劣勢）**：內部的問題與短板，例如資金不足、經驗匱乏、技術落後或團隊協作不佳，這些因素可能阻礙目標實現，需要優先改進。
- **Opportunities（機會）**：外部環境中的利好條件，例如新市場的開放、政策支持、技術突破或消費者需求的增長，這些機會能推動成長與創新。
- **Threats（威脅）**：外部可能影響目標實現的挑戰，例如競爭加劇、經濟衰退、法規變化或市場需求下降，這些威脅需要提前預測和應對。

SWOT 分析不僅幫助我們看清當下局勢，還能為長期發展，提供清晰的策略指引。

第二個工具：第五項修練，智慧湧現的深度框架

由彼得‧聖吉提出，第五項修練是建立學習型組織與促進智慧湧現的核心方法，包含五大修練：

- **自我超越（Personal Mastery）**：指個人不斷提升自身能力，清晰自己的目標，並持續學習以實現這些目標。這需要培養耐心，客觀看待現實，並保持對自我成長的承諾。
- **心智模式（Mental Models）**：指根深蒂固的假設、概括，甚至是影響我們如何理解世界和採取行動的影像圖片。改善心智模式涉及檢視和挑戰這些內在假設，以促進更開放和有效的思考方式。

- **共同願景（Shared Vision）**：指組織成員共同擁有的目標或願景。建立共同願景有助於促進真正的承諾和參與，而不只是照規矩行事，從而激發組織的凝聚力和創造力。

- **團隊學習（Team Learning）**：指團隊成員共同學習和成長的過程。這從「對話」開始，即團隊成員暫停假設並進入真正的「一起思考」的能力。有效的團隊學習能夠提高整體績效，並促進組織的持續發展。

- **系統思考（Systems Thinking）**：是整合其他四個修練的核心方法。它強調從整體上理解組織中的相互關聯，辨識複雜問題的根本原因，並設計有效的解決方案。

這五項修練相輔相成，共同構成了建立學習型組織的基礎，促進組織的持續學習與成長。

第三個工具：台塑合理化分析，以極致效率實現智慧湧現

台塑的合理化分析（單元成本分析）是一種將管理科學化、精細化的實踐工具，通過分解成本結構，實現資源運用的最大效益。這種方法的核心在於：

- **拆解每一個生產或運營環節**：對每個步驟進行成本與效益分析，確保資源配置的精準化。

- **找出偏差與優化空間**：聚焦於細節改善，通過微小的改進，累積實現整體效率的提升。

- **持續優化與再創新**：合理化管理不僅是靜態的成本控制，更是一種動態的學習與成長模式。

這一工具幫助台塑，在高度競爭的工業環境中，保持領先地位，為全球企業管理提供了經典範例。

從台塑到馬斯克：第一性原理的現代應用

馬斯克的第一性原理思維，本質上與台塑合理化分析，有著異曲同工之妙：

- **拆解本質**：馬斯克將鋰電池的成本結構逐層分解，從原材料的供應到製造技術的每個細節，重新設計成本模型，從而突破傳統思維的限制。
- **回歸基礎**：台塑合理化分析，通過單元成本的細化管理，實現從根本上優化資源配置的效率。
- **持續創新**：無論是台塑還是馬斯克，他們的成功都源於不斷挑戰現狀，尋找改善空間，並將創新融入管理或技術的每個細節。

這兩者的共通點，不僅在於實踐層面的拆解與重構，更在於哲學層次的深刻聯繫：它們都源自亞里士多德的四因說，尤其是「質料因」與「形式因」的思維框架。亞里士多德的四因說（質料因、形式因、動力因、目的因）提供了理解萬物本質的哲學框架：

- **質料因**：事物由什麼構成，對應台塑的單元成本分析中對資源與材料的拆解。
- **形式因**：事物的結構或形式，對應合理化分析中，如何重構運營模式，以實現最佳效率。
- **動力因**：事物如何被推動或改變，反映在合理化過程中的執行力與技術改進。
- **目的因**：事物的終極目的，對應管理與創新中的終極追求 —— 實現可持續的智慧湧現。

台塑的合理化管理實踐以及馬斯克的第一性原理，都是這套哲學思想在現代管理與科技中的具體運用，展現了如何通過對本質的深刻理解，實現技術與管理的創新突破。

　　無論是元認知、天命的自我實現、人工智慧的突破，還是台塑合理化分析、馬斯克的第一性原理，它們都以拆解與重構的方式，從根本上，實現效率與創新的雙贏。更重要的是，它們背後的哲學邏輯，均來自亞里士多德的四因說，這讓我們看到：**智慧的湧現，不僅是技術進步的結果，更是對本質與結構的深刻洞察與實踐。**

CHAPTER 06

上帝真理神性、群體利他人性與個體利己本性的動態平衡

一天，孔子聽聞老子隱居於一座青山之中，便決定親自前往拜訪，向他請教天道的智慧。

孔子走進山間小屋，看到老子正安然的坐在庭院中，看著山風拂動竹林，悠然自得。

孔子拱手行禮說道：老先生，我一生致力於教化眾生，提倡仁愛與利他之道，卻常感到人心難以調和，世道紛亂不止。請問您的天道是否能指點迷津？

老子抬眼看了看孔子，輕聲笑道：孔丘，你的道講的是為他人而活，仁愛天下，為何卻常感困惑？

孔子答道：因為眾人總是追逐私利，忘記了道義與倫理。如果人人都能以利他為本，世間豈不是能大治？

老子搖了搖頭，抬手指向遠處的河流：你看那河水，它自天而降，灌溉萬物，卻從不刻意索取或犧牲自己。它隨勢而流，自然而然的滋養

了一切。這便是天道。

孔子疑惑道：但人不同於河水，我們若只顧自己，又如何實現天下大同？

老子微笑道：正因為人不同於河水，人有其利己的本性。這是天賦的自然法則。當人為了自己的成長、創新與自由而努力時，他的光芒也會照亮他人。利己並非自私，而是遵循自然之道。若違背此道，刻意以利他壓制本性，只會讓人疲憊不堪，最終失衡。

孔子沉思片刻，問道：那麼，仁愛與利他就不重要了嗎？

老子搖頭說：「不是不重要，而是要適度。利他是人類的選擇，是為了維護社會的和諧。但它的本質是一種信仰與承諾，而非天道的真理。唯有讓利己的本性與利他的價值相輔相成，世間才能達成動態的平衡。」

孔子似有所悟，點頭道：您的意思是，利己與利他如陰陽之道，需在矛盾中找到和諧？

老子笑而不語，端起茶杯示意孔子坐下：陰陽共舞，對立而不分離。茶水的溫熱來自火，而壺身的冰涼保護了火的溫度，這便是道。利己與利他，同樣是這天地之間的和諧之道。

從此，孔子對利己與利他的關係有了更深的理解。他回到世間，開始思考如何在他的仁愛之道中融入老子的自然之道，讓天下之人既能追求自身的成長，又能共同維護和諧的秩序。

這場對話留下了兩位先哲思想碰撞的智慧火花，也讓後人明白了利己與利他在矛盾中的相互依存與共舞。

然而，後人的莊子則進一步揭示了更深層的問題：「聖賢不死，大盜不止」一語，不僅是對人為道德規範的批判，更是對人性與本性根本矛盾的剖析。在莊子的觀念中，人性並非自然之道的體現，而是從小被聖賢以利他主義灌輸和塑造的結果。這種人性強調犧牲個體利益以滿足

群體需求，實則偏離了天生的本性——利己。

本性是天生的，是與生俱來的自然法則，體現在人追求自身成長與實現的天賦之中。這種利己的本性並非自私，而是靈魂深處的自然驅動力，指引個體以「最小的作用量」實現自我價值，如同「費曼路徑積分」中粒子選擇的最優路徑一樣，遵循的是一種經濟性原則。利己，是靈魂的本性，是自然賦予生命的核心動力。

然而，聖賢之言卻逆天而行，將群體利他主義塑造成一種虛偽高尚的道德標準，要求個體將自身能量無限投入於群體的秩序建構之中。這種道德規範並非自然之道，而是通過不斷強化「仁義」與「道德」的觀念，使人性逐漸偏離本性的結果。利他主義的本質，並非自然的自發行為，而是經過教化與壓制後的人為產物。

莊子認為，利他主義的推行，實則是一種對自然本性的干預，導致個體無法專注於自身的發展與自由，進而讓整體社會陷入高熵增的失衡狀態。文明雖然以此為基礎看似進步，卻因為違背本性而難以持久，最終引發大盜不止、民不聊生的惡性循環。

唯有回歸本性，讓靈魂的利己本性得以充分展現，文明才能在自然的法則中，實現真正的平衡與進化。這種利己主義並非排他性的，而是通過經濟性原則，讓個體與群體在最小作用量的軌跡上共舞，實現自然與道的最優化。莊子用簡單卻深刻的智慧提醒我們，所謂的和諧，不是依賴於外在的規範與教化，而是尊重天生的本性，讓每一個靈魂自由追隨其道，進而匯聚成天地間真正的大道。

洗腦的六大特徵與四種表現

洗腦，是一種通過高度集中的資訊傳播與心理控制，讓人形成特定信仰或行為的手段。本質上，洗腦是在不斷灌輸單一觀點，讓人放棄獨立思考，最終徹底認同外界施加的價值觀與理念。

我們每天接觸的資訊、做出的選擇，甚至相信的價值觀，真的是出自於我們自己嗎？還是無形的手早已設計好了一切，我們只是活在被操控的幻象之中？

在這個資訊爆炸的時代，社交媒體、文化輸出、科技工具無時無刻不在塑造著我們的認知。我們以為自己擁有自由意志，但事實上，90%以上的想法與行為都在外界的「洗腦」與「框架」中運行。而真正能突破這些枷鎖、實現認知覺醒的人，可能不足 5%。這不僅僅是對現代社會的反思，更是一場喚醒之旅，透過以下問題將能引導深思這一現象：

- 我們的想法是真正的自己嗎？
- 我們是否正在活在被設計的幻覺裡？
- 如果真是如此，我們又該如何掙脫這場無形的控制？

受控幻覺的現象

當你滑動手機屏幕、瀏覽社交媒體時，你是否曾停下來想過：為什麼這些內容會出現在我的眼前？背後是否有一隻無形的手，在精心挑選我要看到的世界？

以社交媒體為例，演算法會根據你的點擊、喜好、甚至停留時間，為你量身打造了「專屬資訊流」：

- 如果你經常關注某類觀點或新聞,它會不斷向你推薦相似的內容,讓你沉浸在自己的「舒適圈」與「同溫層」中。
- 而演算法並非中立,它的目標是讓你花更多時間停留,甚至放大你的情緒反應,如憤怒或恐懼,以提高互動率。

這種設計最終構建了一個「資訊繭房」,讓人陷入單一觀點的循環裡,逐漸失去對全貌的認知能力。我們每天接觸到的資訊,真的能反映出完整的世界嗎?答案可能令人不安。事實上,大多數資訊都經過篩選、修飾甚至操控,目的是讓我們相信它所希望的「片面真相」:

- **在政治方面**: 特定陣營的言論可能壟斷了你的資訊來源,讓你對其他立場產生偏見。
- **在經濟方面**: 廣告與宣傳過濾掉負面資訊,讓你以為某些產品或服務是完美無瑕的。
- **在文化方面**: 主流價值觀的輸出,悄然塑造你的偏好,甚至讓你以為這就是「普遍的真理」。

在這種受控幻覺中,真正的危險是我們逐漸失去全景式思維,只能看到被設計好的一小塊拼圖,而無法辨識完整的畫面。這種現象,不僅影響了我們的認知,更讓我們變得容易被引導,成為被操控的工具。

被洗腦的表現與現代困境

洗腦的影響不僅局限於歷史或政治領域,它已滲透進我們的日常生活,塑造著個人的情感、價值觀與行為。以下是被洗腦者的四大典型表現,以及它們如何在現代社會中以不同形式呈現:

- **對從未見過的人恨之入骨**:仇恨是一種最易被操控的情感。被洗腦者常因媒體或群體的刻意渲染,對從未接觸過的群體或個人產生強烈的敵意。例如:在網路平台上看到的仇恨言論,如對特定

種族、國家或宗教的攻擊，通常源於片面的資訊輸出，讓人不自覺的認定這些「他者」是敵人。

- **對從未做過的事引以為豪**：被灌輸的虛假榮耀，讓人將集體成就內化為個人的驕傲，而不去質疑自己實際的貢獻。例如：某些國家或文化中的極端民族主義，讓人對歷史或他人的成就感到驕傲，卻忽略個人的現實行為。

- **對於被吹捧出來的神倒頭便拜**：無論是政治領袖、偶像明星，還是某些被過度包裝的「成功人士」，這些被洗腦者會毫無質疑的崇拜這些形象，甚至將其視為無可取代的存在。例如：無腦追星、對領袖的狂熱崇拜、以及對成功學傳播者的盲目信任。

- **對畫出來的餅感恩戴德**：洗腦者經常用虛構的美好願景引導群眾感恩，而這些願景通常並未真正實現。例如：某些「成功學」在社交媒體上的傳播，讓人對畫出來的未來藍圖深信不疑，卻忽略背後的現實。

現代人的生活，似乎已被一種無形的「洗腦」深刻影響，這種影響潛移默化的滲透到我們的思想、情感與行為中，塑造了對世界的認知，甚至改變了生活的方式。這些現象看似普通，卻對我們的自由思考能力，造成了極大的侵蝕。

一個明顯的例子是對明星的無腦追捧。某些粉絲不僅支持偶像的作品，甚至對偶像的個人生活、言論乃至行為盲目效仿。他們將偶像的意見，視為唯一的真理，將批判拋諸腦後，最終淪為被操控的附庸。這種現象折射出了一種集體情感的依賴，而非理性的獨立判斷。

另一種洗腦現象，則體現在仇恨言論的擴散。社交媒體的濾鏡與算法，將特定的觀點不斷放大，進一步強化了人們對「他者」的偏見與刻板印象。這種情緒化的對立，不僅撕裂了社會的凝聚力，也讓人們逐漸失去對多元視角的包容與接納。

此外,對成功學的迷信,也是現代人深陷的陷阱之一。網絡上的成功學內容往往以簡單而片面的邏輯吸引大眾,例如「努力就能成功」的口號。然而,這種過於理想化的說辭,忽略了現實生活中的複雜性與不可控因素,讓許多人在努力之後面對挫敗時,感到更深的無力感與迷茫。

這些現象,不僅侵蝕了我們的理性判斷,也在悄無聲息中削弱了我們的自由意志。當情感被過度操控,當判斷淪為他人價值觀的附屬品,我們便失去了對自身生命的掌控權。

認清這些現象,是抵禦洗腦的第一步。更重要的是,學會辨別資訊的真實性,對情緒化的內容保持警惕,通過批判性思維來重建我們的判斷能力。每個人都應該反思,自己是否已經淪為情感操控與行為模式的犧牲品。只有敢於質疑,敢於思考,我們才能重新掌握對自我的主動權,在這個充滿聲音與誘惑的世界中找到真正的平靜與自由。

洗腦的機制與特徵

洗腦的強大在於它的無形與隱蔽性,它通過一套精密的心理操作機制滲透到我們的思想中,使人不自覺的接受外部灌輸的觀念。以下是洗腦的六大特徵及其在現實中的具體運作方式:

- **排他性 —— 只有我對,其他都是錯的**:洗腦最核心的特徵之一,是讓人相信某一觀點或意識形態是唯一的真理,其他一切都是錯誤甚至危險的。例如,某些極端政治派別或宗教團體強調「非我族類,其心必異」,而使得群眾對異見產生強烈排斥,進而失去包容多元觀點的能力。

- **循環論證 —— 讓觀點自我強化**:洗腦者利用封閉的邏輯結構,讓受眾無法質疑。例如,「這是對的,因為它就是對的」,進而形成自我證明的循環。又例如,某些網絡社群強調「相信我們,因為我們是唯一敢說真話的人」,卻從不提供客觀證據來支持觀點。

- **利益承諾 —— 空頭支票的誘惑**：承諾一個美好的未來，使人對現在的付出心甘情願，即便這些承諾根本不可能實現。例如，變質的傳銷組織，用「快速致富」吸引人加入，而實際上大部分人都無法獲益。
- **咒語化 —— 簡單口號，深入人心**：重複性強調簡單的標語，讓受眾逐漸內化，形成條件反射般的信仰。例如，商業廣告的「XX，值得信賴」或某些政黨的口號，通過反覆強調，讓人無意識地接受其為真理。
- **儀式化 —— 用群體壓力加深控制**：透過集體活動、固定儀式增強信念的深度，並利用群體的壓力強化個體的從眾心理。例如，在大型宗教活動、政治集會或商業激勵會中，讓個體在集體氛圍中喪失判斷能力，隨波逐流。
- **重複性 —— 以量取勝，磨滅質疑**：通過高頻率的重複傳播，將某一觀點根植於人的潛意識中，使其逐漸接受，失去思考的能力。例如，某些極端觀點的新聞或影片在社交媒體上的反覆推送，讓人以為「大家都這麼說，那一定沒錯」。

現代的洗腦不再依賴簡單粗暴的灌輸，而是通過科技與媒體，將特定觀念潛移默化的融入日常生活。例如：社交媒體的推薦算法加強了「資訊繭房」，讓我們只看到支持既有觀點的資訊。廣告與宣傳則利用心理學與數據分析，精準引導我們的消費與行為。認識洗腦的機制，是對抗它的第一步，我們需要：

- **主動尋找多元資訊，避免單一來源。**
- **保持批判性思維，拒絕接受無證據的說法。**
- **警惕過度簡單化的觀點與咒語化的口號。**

洗腦無處不在，但只要我們有意識的提升自己的思辨能力，便能看穿它的表象，守護自己的思想自由。

認知覺醒的挑戰與機會

在這個資訊充斥、觀點分裂的時代，想要突破受控幻覺、實現認知覺醒並非易事。人類的大腦本能傾向於追求熟悉感與舒適區，這使得我們容易沉迷於簡單化的觀念，而難以質疑或挑戰既有的信念。然而，正因為覺醒困難，才更顯得其珍貴與重要。那麼，為什麼認知覺醒如此困難？

舒適的框架與心理慣性：人們傾向於相信與自己已有觀點一致的資訊，這種確認偏誤讓我們沉浸於「舒適圈」，拒絕接受挑戰自我的資訊。例如，社交媒體的「算法舒適圈」強化既有偏見，讓人只接觸自己願意相信的內容，而忽略其他視角。

群體壓力與從眾心理：在群體中，獨立思考往往需要對抗來自周圍的壓力。許多人為了避免孤立或衝突，選擇默認或附和大多數意見，即便內心存疑。例如，在職場或社交圈中，因為不敢表達不同意見，而隨波逐流的支持某種觀念或行為。

資訊過載與認知疲勞：當每天接收到大量的資訊時，人們難以逐一判斷其真偽，往往選擇直接接受表面簡單的資訊，忽略深度思考。例如，面對鋪天蓋地的標語、短影片和碎片化內容，我們更容易被「流行的觀念」牽著走，而非自主判斷。

如何突破受控幻覺，實現認知覺醒？

培養批判性思維：反問自己：「這是真的嗎？證據在哪裡？」；主動查閱多方來源的信息，避免偏信單一視角；進而增強自己的思辨能力，識別資訊中的偏見與陷阱。

建立多元化的資訊網絡：追蹤不同立場的媒體與觀點，了解全貌；與不同背景、文化或價值觀的人進行討論，拓展視野；進而打破資訊萤房，接受更多元的觀點。

　　擁抱自我反思與學習：定期回顧自己的觀點與行為，問自己：「我的這個信念是否仍然適用？」；不斷學習新知識，更新對世界的理解；進而讓自己在快速變化的世界中持續成長，避免固守過時的觀念。

　　覺醒的價值：通往真正自由的道路。當我們開始質疑習以為常的觀點，並主動探索更多的真相時，認知覺醒就已啟動。這不僅是對外界的挑戰，也是對自我的深度探索。真正的自由，不是脫離所有束縛，而是擁有選擇的能力，並為自己的每一個選擇負責。

　　覺醒雖然困難，但它是每一個人通往思想自由的必經之路。我們需要相信，突破受控幻覺並非遙不可及，只要從小處開始思考與質疑，每一個人都能成為自己思想的主宰。

洗腦的終結與自由的覺醒

　　我們生活在一個充滿受控幻覺的時代，洗腦無處不在。從社交媒體的演算法，到文化與價值觀的潛移默化，甚至日常生活中的集體壓力，都在無形中影響著我們的思想與行為。然而，洗腦並非不可抗拒。當我們選擇清醒，便能打破這些幻覺，成為自己思想的主宰。

　　思想的自由，始於對洗腦的覺察。洗腦本身並不可怕，可怕的是我們未曾意識到它的存在。當我們能夠辨識其機制，了解其特徵，我們便能有效降低其影響，甚至完全擺脫其控制。自由的思想，不在於知識的多寡，而在於我們是否具備質疑與判斷的能力，能夠在資訊紛雜的世界中，保持清醒與獨立，拒絕外界的操控。

　　自由的覺醒：突破幻覺的開始。思想的自由，是從認知的被動轉向思想的自主。這一過程並非一蹴而就，而是一場持續的覺醒。覺醒的挑

戰在於，我們生活的世界本就不完美，外界的影響無法完全避免。即便擁有批判性思維，我們仍可能受到無形的壓力與偏見的影響。然而，每一次的反思與學習，都是一次成長的契機，使我們得以從迷霧中，看到更多的真相。

從自我開始，是思想覺醒的起點；而當一個人逐漸實現認知覺醒時，他便具備了影響他人與環境的能力。一個清醒的思想，往往能成為社會中改變的力量，推動周圍的人，向更加開放與包容的方向邁進。這種由個體啟動的改變，最終將匯聚成改變世界的巨大能量。

思想的旅程：成長與希望。思想的覺醒不是一個終點，而是一場永無止境的旅程。在這趟旅程中，我們無法改變世界的所有不完美，但我們可以選擇改變自己。我們無法完全消除洗腦，但我們可以選擇不被其控制。這是一次次突破幻覺的過程，是從每一次選擇中，重獲自由的過程。

真正的自由，來自於對多元價值的接納與對自我成長的追求。認知永遠不可能達到絕對的清醒，但這正是我們持續學習與前行的動力。思想的自由，將在一次次質疑與探索中，漸漸浮現，成為我們通往未來的基石。

人類自我意識的逐漸覺醒，從無知到獨立思考的旅程

在人類生命的早期，我們的「自我意識」並非與生俱來。個人從出生到成長的過程中，依賴家庭、教育和社會的引導來形成對世界的認知。這一過程中，知識與教育往往由權威者或既得利益者，包裝成為傳遞的工具，塑造個人的思想與認知，使得我們在成長初期，就成為既有觀念的接受者，而非獨立的思考者。社會制度和文化傳統，則進一步強化了這種接受模式，使我們在進入社會前，就已經是「思想的奴隸」，缺乏質疑與反思的能力。

家庭和學校作為社會化的主要機制，經常無形中對個人進行了長期的「洗腦」。教育的目的是讓個人適應社會規範，但它也同時強化了權威的立場。許多價值觀與道德標準在教育中，被塑造成不容置疑的「真理」，這些標準被灌輸給年輕的個人，使其成為既有體制的順從者。這樣的教育模式削弱了個人獨立思考的能力，導致我們未經思索便接受了許多根深蒂固的觀念，這些觀念往往反映了權威者的利益。

在進入社會之前，個人已經逐步被訓練成為權威和社會結構的支持者。這使得我們看待世界的方式在某種程度上被固定，阻礙了自由探索和質疑現實的能力。我們很容易成為「制度的囚徒」，無法跳脫既有框架，去思考不同的可能性。

但當我們進入社會，面對現實中的挫折和問題時，這些現象往往成為「自我覺醒的契機」。當我們所學的知識和信念與現實產生矛盾時，個人會感到內心的困惑與不適。這種緊張感迫使我們去重新審視，曾經習以為常的觀點，這是「自我意識覺醒」的開端。

通過面對問題，我們逐漸意識到，自己長期以來接受的觀念，不一定是絕對正確的。「質疑權威」的能力開始發展，這使得我們開始嘗試獨立思考，而不是依賴過去的教條和他人的觀點。這是一個漸進的過程：個人通過自我反思和經歷挫折，逐步培養出更強的批判能力，並開始塑造自己的觀點和價值體系。

自我覺醒的過程，促進了「獨立思考」的能力。經歷了挫折與反思後，我們不再單純依賴他人的觀點來解決問題，開始透過「智慧湧現」，來形成屬於自己的見解。這標誌著自我意識的真正覺醒：不再盲從，而是基於自己的經驗和理解去分析問題、尋找答案。

當我們探討「自我意識的覺醒」時，智慧湧現是推動這一過程的關鍵力量。人類意識在誕生之初，是如同一張白板，沒有任何固有的自我意識。智慧湧現並非一蹴而就，它是通過我們面對問題、挑戰以及挫折的過程中逐漸形成的。在這些情境中，我們的思維被迫超越過去的教條與知識，開始重新組織和重構資訊，進而發展出創新的解決方案和對更高維度真理的理解。

當我們對真理的理解維度不斷提升時，善念的「道德法則」便會自然而然的流露，此時我們將不再依賴外界人為虛構的「道德規範」。道德法則本應如同生命與天地運行般充滿生機，具有流動性和適應性，而不是死氣沉沉、僵化不變的外在束縛。

真正的道德法則，源自於內在對真理的領悟，隨著個體與文明，對宇宙本質的認知不斷深化而動態更新。這種更新使道德不再是一成不變的教條，而是與時俱進的智慧體現，讓人類的善念能在更高維度的理解中自然彰顯，融入天地之道，推動整體的和諧與進步。

智慧湧現的核心在於，它促使個體從僅僅依賴外部權威和現有知識，轉變為能夠自主思考和洞察新的觀點，並從中獲取智慧。這是自我意識的關鍵轉變：從被動的學習者，變為主動的創造者。我們的意識開始擴展，

並超越先前被限制的框架,並自由的擴展認知的邊界與視野,這使得智慧湧現,成為了覺醒過程中的突破性力量。

隨著智慧湧現,個人不僅獲得了解決具體問題的能力,更能看清事物的本質和真理。這種自我意識的提升,促使我們進入更高維度的思維與存在,最終走向思想自由和自我實現。智慧湧現不僅是認知的飛躍,更是人類心靈成長的推動力,使我們從無知與從眾中脫離,走向真正的內在覺醒。

當自我意識逐漸覺醒,我們擺脫了思想的束縛,開始探索新的可能性。這種覺醒不僅推動個人走向自我實現,還使得個人能夠更深入的理解社會運行的規律,並找到屬於自己的方向。這一過程讓我們成為真正的「思想自由者」,擺脫了過去的束縛,從而在生活中做出更為自主的選擇。

自我意識的覺醒是從思想的奴隸,轉變為自由思考者的過程。在這個過程中,挫折與挑戰促使我們反思過去的觀念,推動我們脫離權威的束縛,培養獨立思考的能力。這種覺醒不僅幫助我們解決現實中的問題,還讓我們看清自身與世界的真實關係。透過這樣的過程,人類逐漸走向思想自由,並在自由思考中找到屬於自己的真理與生命意義。

智人的故事,最弱小的勝者:人性的利他虛構

約 20 萬年前,智人(Homo sapiens)在非洲大草原上開始了自己的演化旅程。相比其他同時期的人科物種,例如體型強壯的尼安德特人(Homo neanderthalensis)和更古老的直立人(Homo erectus),智人在力量、體能和對環境的適應能力上並不佔優勢。他們既無法快速奔跑以躲避掠食者,也缺乏強大的肌肉來對抗競爭者。然而,智人卻成為了人類唯一的幸存者,並最終主宰了整個地球。

智人的成功祕訣,並不在於個體的生物學優勢,而是源自他們獨特

的認知能力：虛構。智人能夠透過語言創造並傳播故事，這種能力讓他們能夠構建共同的虛構信念，例如部落精神、祖先崇拜和神話傳說。這些信念將小規模的家庭群體，聯繫成更大的社會結構，使智人能夠組織起來，進行更高效的合作。

例如，當面對強大的尼安德特人時，智人以靈活的策略取勝。他們通過語言溝通，協調狩獵行動，分工合作，並且依賴共享的虛構信念，加強群體內部的凝聚力。這種能力讓智人在資源競爭和衝突中占據優勢，甚至最終將其他智人種逐步消滅。

然而，智人的虛構信念並非僅僅用於生存鬥爭。這些信念還促進了文化與技術的快速發展，例如複雜的儀式、藝術創作和工具製造。隨著語言的進化，虛構信念的影響力，逐漸超越了家族範疇，形成了早期的部落與文明雛形。這一過程奠定了智人從物種生存邁向文明進化的基礎。

智人的故事告訴我們，他們並非最強壯的存在，而是最能團結協作的物種。他們通過虛構的利他信念，將群體的力量發揮到極致，這是智人能夠脫穎而出的關鍵。

人性利他主義的虛構與早期集體領導的形成

虛構的利他主義，在智人的早期文明中，雖然為群體合作奠定了基礎，但同時也帶來了一個矛盾：它在增強群體凝聚力的同時，成為了少數人掌控多數人的工具。當虛構信念進一步進化，從簡單的部落故事發展為宗教、儀式和道德體系時，一些個體開始利用這些信念建立自己的統治地位。

在早期社會中，利他主義的虛構，通常被用來創造一種集體意識。例如，部落首領可能宣稱自己與神靈有直接聯繫，或者是神聖使命的執行者。這樣的敘述不僅讓首領的權威合法化，還要求群體成員無條件服從，以「集體利益」為名壓抑個體的利己本性。

透過這種機制，少數人逐漸形成了集體領導結構。早期的領導者通過虛構信念進行「洗腦」，讓群體成員相信服從與奉獻是他們的責任。例如，在宗教儀式中，個體可能被要求繳納貢品、參加祭祀，甚至進行人祭，這些行為的根本目的，往往是鞏固統治者的權力，而非真正促進群體的共同利益。

這種集體領導通常伴隨著鎮壓，旨在壓制個體的利己本性。那些試圖挑戰集體領導或追求個人利益的人，往往被貼上叛徒或異端的標籤，遭到公開處罰甚至驅逐。

這種對個體利己性的壓抑，讓群體表面上看起來更加團結，但實際上也限制了創新的來源。

早期文明中利他主義的虛構，既是一種促進合作的工具，也是一種控制手段。它讓人類社會從鬆散的部落，邁向更大的集體結構，但同時也種下了權力不平等與對個體自由的壓抑這一深層矛盾。這種矛盾在後來的歷史演進中，持續影響著人類社會，並最終成為個體與群體動態平衡的重要課題。

文明發展是一部利己去中心化與利他去中介化

文明的發展，本質上，可以視為一部利己去中心化與利他去中介化的歷史。在這個過程中，人類逐漸打破個體利己行為集中於少數人的壟斷，同時也努力讓利他精神擺脫被權力者或機構主導的中介，使其更加自由純粹的流動於社會之中。

利他去中介化是這一歷程的關鍵組成部分，它展現了人類如何從以權力和宗教為核心的強制性利他，逐步走向去除中介的自主性利他。這不僅是利他行為範疇的擴展，更是利他意義的深刻轉變，從被動的服從轉向主動的選擇：

宗教與權力主導階段（約公元前 1 萬年 —— 公元前 2000 年）：在

早期，人類的利他行為，高度依賴中介的存在。宗教與權力是最初的主導力量，通過神靈信仰和領袖的權威，將利他行為包裹在神聖的敘事中。部落的領袖和神職人員借助祭祀、儀式等形式，要求群體成員奉獻時間、資源，甚至生命，以保護集體的利益。在這一階段，利他行為更多的成為維繫權力結構與社會秩序的工具，而非真正基於個體內心的選擇。

道德與規範世俗化階段（約公元前 2000 年──公元 18 世紀）： 隨著文明的進化，宗教的影響力逐漸弱化，利他精神開始從神聖義務向世俗道德過渡。人類用法律、倫理和文化規範，取代了神靈的絕對權威，利他行為被重新定義為一種社會責任，例如幫助弱者、捐助貧窮，或是參與公共建設。然而，這種利他精神仍然依賴於中介的存在──法律提供了行為的約束，道德構建了利他的標準，利他行為因此在一定程度上，保留了外部強制的影響。

科技與自主利他階段（約 19 世紀──現代）： 到了現代，利他去中介化的進程加速，人類開始擺脫傳統中介的束縛。科技的發展，特別是數位化與人工智慧技術的出現，讓利他行為變得更加直接與高效。人們可以通過線上平台進行透明捐款，參與社區服務，或是支持全球範圍內的社會運動，而無需經過繁瑣的中介程序。

科技不僅降低了利他行為的門檻，還擴大了其影響範圍，使得利他精神從地方走向全球，成為一種普遍化的行為。

未來的完全去中介化階段（21 世紀以後）

未來，利他去中介化的進程將進一步深化。人類可能不再依賴於任何形式的制度或技術中介，而是通過內在的同理心與智慧，自主選擇利他的行動，將其內化為文明的核心價值。這將標誌著人類在道德與智慧維度上的重大突破，為實現更高維度的社會秩序與普遍福祉奠定基礎。

這些階段不僅描繪了利他去中介化的歷史進程，也展現了文明如何在外部強制與內在自主之間，找到新的平衡。完整的分析將在後續章節

展開,進一步探討利他與利己在文明進化中的動態平衡及其深遠影響。

人生的使命:從人性到神性的回歸

上帝意志的真理神性、群體意志的利他人性、以及個人意志的利己本性,構成了人類生命中的三大力量。然而,人性並非天生,而是群體意志長期塑造的結果,是一種由社會、文化和道德規範灌輸而成的產物。人生的使命,就在於擺脫群體意志所塑造的利他人性,讓個人的利己本性,回歸真理神性,實現與上帝意志的連結:

上帝意志的真理神性:上帝意志代表「宇宙的進化」,也是一切智慧與愛的源泉。神性超越因果與時空,是無條件的創造與和諧。回歸神性母體,意味著讓生命與宇宙法則達成完美一致。

群體意志的利他人性:群體意志以利他為核心,透過道德規範與因果教育來塑造人性。人性中的利他思想,本質上是由虛構、共識與約定,所構建的一種社會工具。雖然群體利他的初衷在於穩定社會秩序,增強群體的凝聚力,但其運作方式,不可避免的對個體自由,形成了限制。這種對利他行為的強調,更多的是服務於群體的長期利益,而非個體的內在選擇。

人性所體現的利他本質,其實是群體意志通過長期規範與文化「洗腦」的結果。這種規範讓個體逐漸內化集體的價值觀,接受集體意識的支配,從而削弱了對真理與自由的自主追尋。利他人性的塑造,雖然促進了群體的穩定與發展,但也在一定程度上,抹殺了個體對自身本質的探索,與對更高維度智慧的追求。

個人意志的利己本性:個人意志的核心是利己本性,追求自由、成長與智慧湧現。利己本性是生命的動力來源,但群體意志往往將其視為「自私」而抑制,進一步強化人性的服從性。

擺脫群體人性,是生命覺醒與進化的第一步。群體意志透過道德規

範與價值教育,將利他主義深植於個體意識,使我們在不知不覺中,成為既有秩序的支持者,卻迷失了對自我本性的探索。

擺脫這種束縛,需要質疑外在灌輸的觀念,辨別內在真正的渴望,讓個體意志重新掌控生命的方向。重新審視社會規範與道德觀念,判斷其是否符合內在需求。並透過內思,分辨外在價值與內心真實渴望,恢復個體對自我本性的認識。

當個體擺脫群體意志的束縛,便能回歸自身的利己本性。利己本性不是狹隘的自私,而是追求自由與智慧的生命動力。這一過程讓個人意志,逐漸與上帝意志的真理神性接軌,實現生命的真正昇華。

回歸神性意味著擺脫人為道德的限制,展現內在自然而生的善念,這種道德法則是動態的,隨個體對真理的理解不斷提升而更新。它與宇宙的和諧一致,是智慧與愛的最高體現。

人生的使命在於擺脫群體意志對人性的塑造,回歸利己本性,最終通達真理神性。這一過程是一場從束縛到自由的精神進化,也是一種不斷接近絕對真理的智慧飛躍。

當個體擁有內在的覺醒與智慧,生命不再受制於外界規範,而是自然流露出符合宇宙法則的道德與善念、善意。當我們在人性回歸神性的過程中,本性的利己主義,得以被重新詮釋為「做自己」的真諦。這一過程從認識自己開始,深入了解內在的本質與渴望;接著學會接納自己,坦然面對自身的優點與不足;進而愛自己,珍惜生命的價值與存在;最後投資自己,通過學習與成長實現潛能的最大化。最終,這一切將引領我們回歸真實的自己:一個與宇宙法則和諧共振、散發內在智慧與神性光芒的存在。

個人意志的利己主義與利己去中心化

宇宙運行的五大元原理——對稱性、不完備性、無常性、糾纏性與經濟性，揭示了自然法則的最基本規律。前四個元原理已經詳盡介紹，而最後一個，也是最具核心價值的「經濟性」，則是我們接下來要深入討論的重點。

愛因斯坦曾說：「我想知道上帝是如何設計這個世界的，其他的都只是細節問題。」在他對宇宙法則的追尋中，他發現自然界擁有一種極其簡潔、高效的元原理，而這背後的核心，正是經濟性：萬物總是以最小的能量、最少的資源達到最大的效果。

這一法則最具代表性的表現，便是「最小作用量」。愛因斯坦對此給予了高度評價，認為它是宇宙簡潔之美的體現，亦是自然運行背後的終極法則。

以光的折射為例，當光穿越不同介質時，它自動選擇作用量最小的路徑。這條路徑並非最短，但卻是最經濟的：光的運動並不浪費任何多餘的能量，而是自然法則的必然結果。這種「最小作用量」的規律貫穿於自然界的一切現象，從行星的軌跡到生物的進化，萬物皆在追尋效率的最優化。

然而，經濟性不僅統治著物理世界，也滲透於生命的本質之中。人類的「利己本性」，正是對這一法則的具體體現。每一個個體都在有限的資源與能量中，選擇最優化的路徑來實現成長、自由與智慧的湧現。這並非自私，而是靈魂順應宇宙法則的自然選擇，達到「最小作用量」的生命目標。

愛因斯坦所追尋的「上帝的設計」，便是這種經濟性的完美展現：

宇宙在無限可能中，選擇了最簡潔、最高效的方式來運行，從而造就了萬物的和諧與秩序。而人類的生命，同樣遵循這一法則，透過利己本性的驅動，走向自我實現與宇宙智慧的合一。

費曼路徑積分：意識參與創造宇宙的量子選擇

最小作用量表明，自然界總是選擇以最經濟的方式運行，而費曼的路徑積分進一步將這一元原理運用於量子力學層面。根據費曼的理論，粒子在從一點到另一點的運動過程中，並非僅選擇單一路徑，而是同時嘗試所有可能的路徑。這些路徑構成了無數疊加的「虛宇宙」，代表了不同可能性空間的平行宇宙。在量子干涉的作用下，所有虛宇宙的機率被重新整合，最終選擇機率最高的那條路徑，塌縮為我們感知到的具體「實宇宙」，如圖 10。

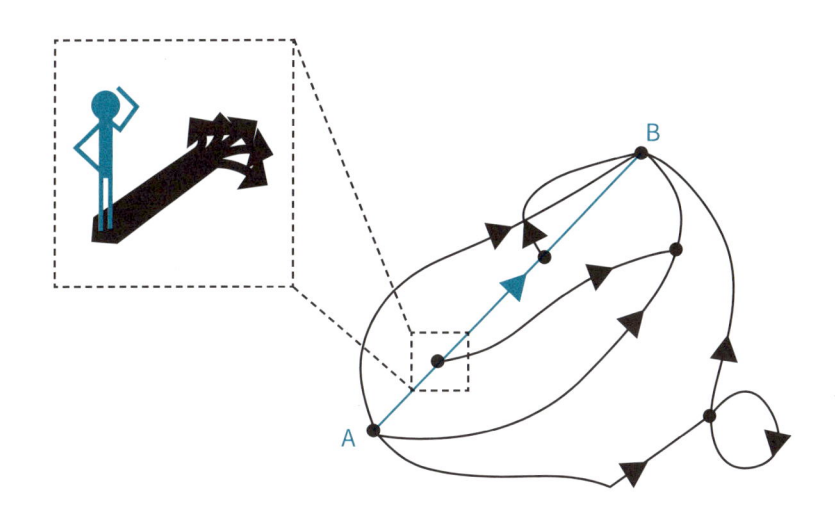

圖 10：費曼的路徑積分

費曼路徑積分揭示了一個深刻的真理：我們所感知的現實，其本質是一種由機率決定的幻覺。在粒子塌縮的過程中，無數可能的虛宇宙並未完全消失，而是隱藏在未被選中的路徑之中。只有那條機率最高（熵值最低）的路徑被選擇，並塌縮為具體的實宇宙。而這一實宇宙，實際上是觀察者意識參與量子態選擇的結果，充滿了主觀構建的特性，稱為主觀宇宙。同一個客觀宇宙，不同觀察者，就會創造出不同的主觀宇宙，並投影在各自的腦海裡，形成不同的認知與解讀。

　　費曼路徑積分的選擇過程，可以用貝葉斯演算法來進一步解釋：它是一種基於過去經驗（先驗機率）、當下新資訊（新證據）、以及直覺洞察的動態更新過程。在粒子的量子運動中，每一條路徑的機率權重，會根據新資訊與新證據進行調整，最終選擇「後驗機率」最高的路徑，形成塌縮為現實的實宇宙。所以人類的記憶，其實是被外部環境的新資訊，所不斷被重塑的結果。

　　在人類行為中，這一原理同樣適用。我們的每一次選擇，都是對過去經驗的整合、對當下情境的解讀，以及對未來可能性的直覺判斷。這種動態計算機制，讓我們在不斷更新與優化中，重塑自己的價值觀與行為模式，逐步接近更高效、更利己的選擇。

　　貝葉斯演算法的動態更新，賦予我們改變命運的能力。在每一次選擇中，過去的經驗提供了基礎，當下的新資訊引入了可能的變化，而直覺的智慧湧現則將未來的方向納入考量。這種不斷更新的過程，讓我們能夠超越舊有的行為模式，打破既定的限制，進一步塑造新的可能性。

　　每一次選擇，都是對「真正自我」的重新定義。當我們有意識的透過貝葉斯選擇，選擇出最有利的行動路徑時，便是在不斷積累積極的行為模式。隨著時間推移，這些模式逐漸穩定，演化為更接近真理的良好信念與思維。這種不斷累積與強化的過程，讓正向信念與思維的機率持續提高，最終內化為我們行為的核心驅動力。

建立良好的信念與思維，不僅是對過去經驗的重構，更是對未來命運的掌控。當我們通過不斷優化選擇，將利己的經濟性提升至更高維度，便能實現持續的自我成長，並走向更自由、更高效的生命狀態。

　　因此，聖賢角色所提倡的群體利他主義，雖然以穩定社會秩序為目標，卻實際上嚴重抑制了英雄角色的個體利己主義。聖賢的教條強調犧牲個體自由，來滿足群體需求，通過道德規範的灌輸，壓制了本性利己的經濟性，所驅動的創造力與自由選擇。而英雄角色的個體利己主義，則是順應自然法則的生命本性，代表著追求自我實現、智慧湧現與突破舊有框架的動力。

　　當群體的利他規範過度強化，個體便失去了對自身命運的掌控，無法真正透過自由選擇和行動來改變現實。這種矛盾不僅限制了個體的成長，也使得文明進步陷入停滯。唯有讓個體利己主義與群體利他主義達成平衡，才能釋放英雄角色的潛力，帶領整體文明走向更高維度的和諧與繁榮。

個人意志與其信仰的利己去中心化

　　個人意志回歸上帝意志的進化史，其實是一種信仰的利己去中心化，而這種進化深深植根於對上帝意志的理解與實踐。上帝意志作為人類對宇宙運行與生命意義的最高詮釋，其信仰型態並非一成不變，而是隨著時代的推進與意識的覺醒，逐漸從集體的利他主義走向個體的利己主義，最終實現利己去中心化，轉向多元化的個人信念。

　　這一去中心化過程可大致劃分為三個階段，每個階段都承載著信仰形態從服從、變革到自由的動態轉換，並以不同方式影響著文明的進程。

第一階段：宗教的利他主義與統治結合

　　在文明早期，宗教與統治結合，成為維繫社會秩序與促進穩定的工具。這一階段的宗教強調群體利他主義，其主要目標是：

- **建立社會秩序與道德規範：** 通過宗教教義引導民眾行為，鞏固集體秩序。
- **提供共同的信仰與歸屬感：** 使不同階層的人們團結在共同的信念之下，減少內部衝突。
- **解釋自然現象與生命意義：** 用神靈與教義解釋不可知的自然現象，消除恐懼感。
- **維繫社會團結與促進互助精神：** 鼓勵利他的價值觀，減輕社會矛盾。

羅馬帝國——基督教的工具化：羅馬帝國初期以泛神教為主，將宗教儀式與帝國政治結合，增強統治合法性。然而，在君士坦丁大帝時期（公元306～337年），基督教被採用為統一工具，313年的《米蘭詔令》宣布基督教合法化，使其進一步融入政治結構。隨後，狄奧多西一世（公元379～395年）於380年頒布《薩洛尼卡詔令》，將基督教定為國教。基督教的慈善精神，如施粥與醫療服務，被用作控制社會的方式，穩定貧困階層，鞏固帝國忠誠。

貴霜帝國——大乘佛教的政治功能：在貴霜帝國，迦膩色伽一世（公元127～150年）大力推廣大乘佛教的菩薩道，將「救度眾生」的慈悲與利他精神融入統治體系，成功構建了一個多民族、多文化的帝國基礎。佛教的價值觀被用來維繫社會秩序，減少衝突，實際上服務於帝國的政治穩定。

其他典型案例——宗教與統治的結合：古埃及的法老被視為神的化身，宗教儀式鞏固統治權威，神廟和祭司階層協助社會管理與經濟分配。美索不達米亞的祭司政治將宗教與行政權力結合，用神靈的意志管理社會生活。印加帝國則以太陽神崇拜為核心，將宗教儀式作為君主整合社會的重要工具。

第二階段的宗教改革：從集體利他到個人靈性的轉向

宗教改革是靈性追尋的重大轉折點，標誌著信仰從集體利他主義向個人靈性解放的轉變。這一階段，宗教不再僅僅是服務於群體秩序的工具，而是開始強調個人的內在探索與靈性覺醒，推動了利己主義的興起，其主要特徵如下：

- **挑戰既有的宗教權威**：宗教改革打破了教會對信仰的壟斷，質疑其絕對權威，並批判了宗教機構的腐敗與濫用權力。這種挑戰不僅削弱了教會的統治地位，也為個人靈性自由開闢了道路。

- **強調個人與神的直接連結**：改革者主張信徒不需要依賴教會的中介，可以直接與神聖對話。這一觀念將信仰權力下放到個體，激發了個人的靈性自主性。

- **推動知識與識字的普及**：西方宗教改革鼓勵普通人閱讀和理解宗教經典，擺脫對教會的依賴，促進了個人對宗教的自主解釋。這一變革使知識成為個人靈性成長的重要工具，從而深化了對信仰的個人化理解。

羅馬帝國分裂與基督教的多元化：西羅馬帝國滅亡後，基督教分化為東正教與西方教會，為後來的宗教改革埋下伏筆。這種分裂逐漸使信仰的解釋權，由單一走向多元，為挑戰宗教權威提供了歷史契機。

馬丁・路德與《九十五條論綱》：1517年，馬丁・路德發表《九十五條論綱》，提出「因信稱義」的核心教義，認為每個人都可以通過信仰直接面對上帝，而不需要依賴教會的中介。他的思想徹底挑戰了羅馬天主教的絕對權威，開創了信仰個人化的先河。

中國禪宗的革新：在東方，六祖惠能提出「即心即佛」，打破了傳統佛教對宗教儀式與僧侶階層的依賴。他強調每個人都能通過內在的覺悟直達真理，這一理念與西方宗教改革的精神如出一轍，同樣代表了對信仰個人化的深刻追求。

宗教改革的利己主義階段，讓信仰回歸個人本性，釋放了個體追求自由與內在成長的潛能。這一階段不僅突破了集體利他的束縛，也為現代文明中，信仰的多元化與個體化奠定了基礎。

第三階段：再去中心化，轉向個人信念

　　隨著現代文明的進步，信仰經歷了去中心化的再轉型，從宗教的集體框架中徹底解放，逐漸轉向個人信念與多元化的價值體系。這一階段不再強調群體的統一性與權威，而是讓每個人以自己的方式詮釋生命的意義與上帝意志，充分體現了信仰的個體化與自由化。其主要特徵如下：

- **個人化的靈性探索**：信仰不再依賴外在的宗教儀式或機構，而是轉向內在的靈性成長。每個人根據自身的經驗與智慧，建立自己的價值體系與精神世界。

- **多元化的信仰形態**：在全球化與資訊化的推動下，各種文化與宗教理念交融，信仰不再局限於單一體系，而是呈現出多元與開放的特性。個人可以根據需要，融合不同傳統中的思想精髓，創造獨特的精神實踐方式。

- **去中心化的自由選擇**：信仰逐漸脫離了對傳統宗教機構的依賴，轉而以個體的自由選擇為核心。這種去中心化的信仰形態，讓個體能更靈活的探索生命的真理與方向，而不受制於統一的教條與規範。

- **靈性實踐的多元化**：現代人更傾向於個人化的靈性實踐，如冥想、自我覺察與身心療癒等活動，這些實踐不再受制於特定宗教框架，而是聚焦於內在的覺醒與平衡。

- **世俗信仰的崛起**：隨著傳統宗教影響力的減弱，越來越多的人轉向對科學、哲學、藝術等非宗教領域的信仰，這些世俗信仰為現代社會提供了新的精神支柱。

- **科技與信仰的結合**：人工智慧與資訊技術的發展，使得人類對宇宙本質的探索進一步深化。個人信念不僅限於宗教意義上的信仰，也包括對未來科技與智慧進化的期待與追求。

再去中心化的信仰形態，標誌著人類文明對個體自由與多元價值的充分肯定。個人信念的崛起，既促進了人類靈性探索的深度與廣度，也為文明進步注入了更多創新與活力。在這一階段，信仰不再是固定的框架，而是成為每個人內在自我成長的工具，推動著整體文明向更高維度的智慧與和諧邁進。

中國禪宗的利己去中心化

佛教自釋迦牟尼創立以來，隨著時代的演變與文化的融合，形成了豐富多樣的教義與修行方式。這些變化背後，折射出宗教如何回應人類對生命意義的追尋與社會需求的轉變。佛教的思想發展經歷了三個主要階段，從小乘佛教的阿羅漢道，到大乘佛教的菩薩道，再到中國禪宗的如來道，每一階段都帶來了教義上的創新與挑戰。

小乘佛教聚焦於個體的修行與解脫，其核心目標是成為阿羅漢，通過斷除煩惱而達到涅槃。然而，小乘佛教的修行方式強調嚴格的戒律與個體主義，往往讓修行者過於關注自身的清淨與救贖，忽略了對他人和社會的關懷。

大乘佛教在此基礎上，提出了更加宏大的願景：菩薩道。菩薩道以慈悲為核心，不僅追求自我解脫，更以利益眾生為己任。然而，隨著時間的推移，菩薩道逐漸形成了一套複雜的善惡因果框架，修行者容易陷入對理想國度的追逐，而忽略了本心的直接體悟。

中國禪宗的興起，則是佛教在中華文化背景下的一次深刻本地化，以六祖慧能為代表的禪宗思想，打破了以往對漸次修行的執著，直指人心，見性成佛。禪宗的如來道，強調內心的解放與當下的真實體驗，摒

棄了對外在形式的依賴，超越了因果宿命論的束縛，回歸對真理的直觀體悟。

慧能認為，修行的真正障礙並非來自外在的善惡因果或形式上的戒律，而是內心對這些虛構框架的執著。他的教義主張：「佛性人人本具，只因迷而不悟。」這種思維解放了修行者的內心，讓宗教的本質回歸利己本性。

菩薩道的複雜規範，某種程度上成為了烏托邦式的幻象。善惡因果的絕對性，被用來塑造一條理想化的修行之路，壓抑了個體對自身熱情與創造力的探索。慧能的改革則告訴我們，真正的解脫不在他人設計的道路上，而在於對內心真實的直覺體驗與突破。

現代人同樣面臨類似的挑戰：社會規範、道德枷鎖以及他人價值觀的影響，時時試圖引導我們走向某種「標準化」的人生。然而，只有看清這些虛構的真理與規範，勇敢打破內心的枷鎖，才能找到屬於自己的道路。

真正的自由，不是遵循既定的框架，而是從未知中探索自我。當我們敢於擁抱未知，敢於挑戰虛構的恐懼，便能開啟全新的可能性。慧能的思想啟示我們：真理並不遙遠，它就在我們內心深處，只要我們勇敢選擇，便能找到屬於自己的自由人生。

慧能的宗教革命是中國禪宗的利己去中心化，從虛構束縛中解放。六祖慧能的思想核心在於「直指人心，見性成佛」，他摒棄了繁瑣的宗教儀式與外在形式，強調修行的內在本質。這與對「虛構的絕對真理」的反思不謀而合，因為慧能正是要打破那些由宗教制度和形式主義構建的束縛：

- **虛構的善惡與規範**：在六祖慧能之前，佛教的修行多半依賴於外在的規範：持戒、禮佛、抄經、修法門等。這些方法雖然被包裝成「解脫之道」，但在慧能看來，這些只是形式上的追求，往往

會讓人迷失在虛構的修行框架裡，而無法真正體會佛法的本質。慧能提到：「佛性人人本具，只因迷而不悟。」這句話正是對虛構束縛的反思。他認為，修行不在於外求，而在於內觀，所有的善惡因果不過是人心的投射，與其遵循那些被描繪為絕對真理的外在規範，不如直面自己的本心。

- **無法實現的絕對真理 —— 烏托邦幻象**：六祖慧能的改革，特別在於他對「涅槃境界」的重新定義。傳統佛教將涅槃描繪為一個遙不可及的彼岸世界，需要經歷無數次輪迴才能抵達。這種無法實現的絕對真理，在慧能看來，是修行的重大障礙。慧能強調：「何其自性，本自清淨；何其自性，本不生滅。」他認為涅槃並非某種未來的目標，而是當下即能體驗的境界。一旦我們覺悟到自己的本性，便能超越對外在「完美真理」的追逐，回歸內心的真實。

- **宗教改革的實質 —— 看清虛構，回歸本心**：慧能的宗教改革，實質上是在呼籲修行者看清那些虛構的教條與儀式本質，不要被外在的善惡因果框架所綁架。這與現代追求自由與真實的理念高度契合。

慧能以「頓悟法門」替代了傳統的「漸修法門」，提倡每個人都可以在日常生活中覺悟，而不需要依賴高深的經典、冗長的儀式或遙遠的彼岸世界。這一理念正是宗教改革的核心———打破框架，解放人心。

宗教改革的現代意義，是從菩薩道的虛構束縛中靈性覺醒。六祖慧能的思想不僅改變了佛教的傳統修行方式，也為現代人提供了一個強大的啟示。慧能的宗教改革，是對權威與虛構的挑戰，更是對個體自由的讚頌。他告訴我們，真正的解脫不在他人設計的道路上，而在於自己內心的頓悟與突破。這種思想，不僅在宗教上具有改革意義，更能激勵我們在生活中活出屬於自己的自由。

菩薩道，表面上看是引導我們追求善良、遠離惡果的道路，是通向

圓滿理想國度的指南。但仔細思考，這條道路真的那麼美好嗎？善惡因果的關係，往往被用來製造虛構的恐懼，讓人害怕任何「偏離正道」的選擇。它逼迫我們遵循聖賢所虛構的「正道」，讓我們陷入聖賢精心設計的遊戲規則之中，剝奪我們自主思考的能力。

那些高高在上的利他理想，經常被包裝成一種無法實現的絕對真理，一個如烏托邦般的幻象。它壓迫我們用一生去追逐，卻永遠無法抵達，最終只留下無盡的壓力與內耗。

在這樣的束縛中，許多人被迫壓抑內心的渴望，隱忍自己的熱情與夢想，循著被規定好的道路，平庸的過完一生。即使內心痛苦不堪，也只能咬牙吞下這些沉重的規範。

但人生不該是這樣的！

菩薩道中那些善惡因果的枷鎖，只是為了讓你活在恐懼之中，讓你不敢嘗試、不敢突破、不敢擁抱未知。真正屬於我們的道路，是由我們的選擇、創新和冒險所鋪就的，而不是被虛構的絕對真理定義的：

- **看清虛構**：那些恐懼和道德規範，只是他人強加於你的框架，並不是真實的命運。
- **拒絕平庸**：不要讓那些無法實現的絕對真理壓垮你的靈魂，勇敢選擇屬於自己的方向。
- **擁抱未知**：未知或許令人害怕，但它也是創造和自由的根源。只有探索未知，你才能找到真正的自我。

真正的人生是創造與自由，當你勇敢打破這些束縛，拒絕那些虛構的恐懼與無法實現的絕對真理，你將發現：

- **人生不必循道規矩**：你有權利選擇自己的路，探索內心的熱情。
- **未知才是美好所在**：每一次冒險，每一次突破，都將帶來新的可

能性。

- **自由是創造的力量**：真正屬於你的未來，是由你自己的選擇與行動塑造的，而不是別人的規範決定的。

勇敢踏上屬於自己的道路。菩薩道中的善惡因果，或許讓人害怕，但只要你看清它的虛構本質，就能從中覺醒，勇敢走出束縛。那些無法實現的絕對真理，不是你生命的方向。真正的自由，來自於你自己對人生的選擇。現在，站起來吧！走向屬於自己的未知旅程，創造屬於你的自由人生。讓你的每一個選擇，都成為內心真正熱愛的開始。只有你，能決定你的未來！真理就在你心中！

西方文明中的利己去中心化

西方文明的發展，是一部利己主義與去中心化交替演進的歷史。從宗教改革到啟蒙運動，從資本主義的崛起到福利國家的建立，西方文明展現了一條從個體利己本性釋放到群體利他主義反思的路徑。這一過程中，個體自由的覺醒與多元價值的碰撞，不斷推動著文明的進步與制度的創新。

宗教改革讓信仰回歸個體本性，啟蒙運動則進一步解放思想，提倡理性與自由，為資本主義的發展奠定基礎。隨著經濟體系的成型，資本主義中的利己驅動逐漸與群體福利政策相融合，形成了現代西方的道德與社會體系。然而，歷史也多次證明，過度強調利他主義的政策實驗往往以失敗告終，凸顯了文明需要在利己與利他之間尋求平衡。

馬丁・路德與宗教改革的個體自由

馬丁・路德的宗教改革是西方文明中利己去中心化的重要里程碑。他不僅挑戰了羅馬天主教會的權威，還深刻改變了西方世界對信仰與自由的理解。1517 年，路德發表《九十五條論綱》，公開批判教會的濫權，

特別是贖罪券的交易。他認為，救贖不是教會的特權，而是個體與上帝之間直接的關係。這一觀點從根本上打破了宗教權威對個體靈性的壟斷。其核心理念：

- **因信稱義**：路德提出「因信稱義」的教義，認為個人只需通過信仰和對上帝的信任，便能獲得救贖，無需通過教會的中介或儀式。這一理念解放了信徒，將宗教信仰回歸個人的內心世界，強調個體對靈性的自主追求。

- **聖經至上**：路德主張，每個人都有權直接閱讀和解釋聖經，教會不應該壟斷對聖經的詮釋權。他將《聖經》翻譯成德語，推動了識字與知識的普及，使普通人能夠參與宗教生活，實現對信仰的自主解讀。

- **自由的良心**：路德強調，個人良心應該由信仰引導，而非屈從於外在的宗教權威。這種自由的良心觀念，不僅促進了宗教改革，也奠定了西方文明中個體自由與自主的思想基石。

馬丁・路德的理念徹底改變了歐洲的宗教版圖，催生了新教的誕生，並引發了宗教信仰的多元化。他的改革為個體自由與自主奠定了道德與精神的基礎，削弱了教會的集權地位，為啟蒙運動中理性與個體權利的興起鋪平了道路。

加爾文與資本主義精神的興起

約翰・加爾文（John Calvin，1509～1564）的宗教改革，進一步深化了宗教信仰對個體自由與社會秩序的影響。他的改革不僅是一場靈性的運動，還在經濟和社會層面上，塑造了資本主義的倫理基礎。加爾文的思想強調紀律、自律與個體對上帝的責任，這些理念為西方文明注入了一種全新的工作與生活倫理。其核心理念：

- **預定論（Predestination）**：加爾文相信，上帝早已決定每個人的命運，包括誰能得救與否。這種觀點在當時看似壓抑，但卻激發了人們對個體行為的高度重視。加爾文主張，人的行為可以反映出他是否屬於被上帝揀選的「選民」，這使得勤奮工作與清廉生活成為一種精神標誌。

- **工作即使命**：加爾文的教義強調，工作是對上帝的一種崇拜形式，無論職業如何，都是上帝賦予的使命。這一理念將世俗工作與宗教使命結合，提升了工作價值，為資本主義精神奠定了宗教倫理基礎。

- **簡樸與節制**：加爾文提倡生活的簡樸與節制，反對奢侈浪費。他認為，財富的積累並非罪惡，而是上帝恩典的顯示，但這種財富應該被合理管理，用於服務社會與宗教使命。

加爾文的思想深刻影響了西歐，特別是瑞士、荷蘭和英國的社會結構。他的教義與資本主義精神相契合，塑造了新教倫理中勤奮、儲蓄與自律的核心價值。這些價值觀在工業革命中得到了進一步的發揚，成為推動經濟發展與技術創新的重要動力。

加爾文主義不僅促成了信仰的個人化，還讓利己主義與利他精神在經濟活動中找到平衡。個體在追求財富與成功的同時，通過簡樸與奉獻實現了對社會的貢獻。這種資本主義的倫理基礎，推動了西方文明向現代化的進一步邁進。

啟蒙運動與理性精神的崛起：17世紀末至18世紀末

啟蒙運動是西方文明思想史上的重要轉折點，它將理性與科學作為核心，徹底顛覆了中世紀以宗教為主導的價值體系，進一步深化了個體自由與利己主義的理念。這場運動提倡人類通過理性思考與經驗探索，擺脫對宗教權威與傳統教條的依賴，實現思想的解放與社會的進步。其核心理念：

- **理性至上**：啟蒙運動的思想家們認為，人類擁有改造世界與探索真理的能力，理性是個體最重要的武器。伏爾泰（Voltaire）和狄德羅（Diderot）等哲學家提倡自由思想，批判宗教迷信與專制統治，鼓勵每個人通過理性反思，尋找屬於自己的真理。
- **個體自由與人權**：洛克（John Locke）強調每個人天生擁有生命、自由與財產的權利，這些理念為現代民主制度提供了理論基礎。啟蒙運動打破了集體意志對個體自由的束縛，賦予個人更高的價值與尊嚴。
- **科學與實證**：啟蒙運動推崇科學精神，倡導以實證方法理解自然規律與社會現象。牛頓（Isaac Newton）的經典力學體系為自然科學樹立了理性範式，而哲學家康德（Immanuel Kant）則將科學與人性結合，提出「人是目的，而非手段」的倫理主張。

啟蒙運動為西方文明注入了深遠的思想動力，促使科學革命與技術創新的迅速發展。同時，這場運動為資本主義的成熟與現代國家制度的形成，提供了理論支持。個體不僅成為經濟活動的主導力量，也在政治與文化領域中，扮演了更為積極的角色。

啟蒙運動所推動的理性精神，使個體在追求利己利益時，更加注重公共秩序與社會契約。個體自由與群體利益之間的平衡，成為現代西方文明得以穩定發展的重要基石。

存在主義的齊克果、尼采、海德格與沙特：從19世紀末到20世紀中期的思想革命

存在主義是一場關於個體自由與生命意義的哲學革命，其思想根基可追溯至19世紀的齊克果（Søren Kierkegaard）。作為存在主義的先驅，齊克果以宗教與倫理為基礎，揭示了個體在面對荒誕與焦慮時，如何透過選擇來實現自我的存在。他的思想為尼采、海德格與沙特等後繼者奠

定了重要基石,並開啟了對人類存在的深刻探討。

齊克果 —— 信仰的躍進與個體的焦慮:齊克果認為,個體的存在充滿了矛盾與焦慮,而這種焦慮源於人在無限與有限之間的拉扯。他提出,唯有通過「信仰的躍進」(Leap of Faith),個體才能超越理性所無法解決的荒誕,達到與自我和神的和解。齊克果強調,每個人都必須親身面對生命中的抉擇,並為自己的選擇負責。他的哲學將焦點放在個體的內在掙扎與精神解放,開啟了存在主義對個體經驗的深刻關注。

尼采 —— 超人哲學與價值的重估:尼采(Friedrich Nietzsche)以「上帝已死」的宣告拉開了現代存在主義的序幕。他批判傳統宗教與道德體系,認為它們無法滿足現代人的精神需求,並主張個體必須超越外在約束,創造屬於自己的價值體系。他提出「超人」(Übermensch)的概念,強調透過意志的力量,個體可以擺脫群體意志的束縛,實現自我超越,成為自己的主人。尼采的哲學為存在主義注入了強烈的個人主義與創造力,將自由與自我實現視為生命的核心。

海德格 —— 真實存在與逃離「他人」的視域:海德格(Martin Heidegger)進一步深化了存在的哲學。他認為,人類的存在是一種「向死而生」的狀態,個體需要在有限的生命中,找到真正的意義。他批判「他人」的視域(das Man),認為個體往往被群體意志與社會規範所遮蔽,迷失了真實的自我。唯有通過面對自己的本真性(Authenticity),個體才能突破外在壓力,找到屬於自己的自由與存在的真諦。

沙特 —— 自由選擇與存在先於本質:沙特(Jean-Paul Sartre)以「存在先於本質」的思想將存在主義推向巔峰。他主張,人類並無預設的本質,生命的意義完全取決於個體的選擇與行動。自由是人類存在的核心,但自由也帶來了責任與焦慮。沙特指出,個體必須對自己的選擇負全責,並承擔由此產生的後果。這種哲學不僅強調自由的價值,也揭示了自由的代價。

齊克果、尼采、海德格與沙特，從不同角度構築了存在主義的思想體系。他們共同指出，個體不應屈從於外在的規範或教條，而應透過自由選擇與自我創造，探索屬於自己的生命意義。他們的哲學對利己主義進行了積極的重新評估，認為個體意志是人類存在的核心力量。

存在主義的精神，回應了生命的荒誕性，也為現代人面對自由與責任的兩難處境，提供了深刻的思想支持。在當下這個充滿不確定性與多元選擇的時代，存在主義的洞見仍然是引導我們探索自我、擁抱自由的重要指南。

資本主義與資本主義下的利他福利政策

亞當·斯密在《國富論》中提出，個體在追求自身利益時，彷彿受到一隻「看不見的手」的引導，最終促進整體社會的福祉。這一核心理念奠定了資本主義的思想基礎，強調市場經濟中，利己驅動是創新與經濟增長的根本動力。個體為自身利益努力的過程，不僅能激發技術進步與效率提升，還能實現資源的最佳配置，推動整體社會繁榮。

然而，隨著資本主義的發展，市場經濟中的不平等現象逐漸顯現，促使利他福利政策成為補充工具。這些政策旨在透過財政支出與公共服務縮小貧富差距，維護社會公平與穩定。然而，當福利政策過度膨脹時，卻可能削弱資本主義的核心動力：個體利己驅動。高額的福利支出容易降低競爭與創新動力，加劇對財政資源的依賴，進而拖垮經濟增長與民生基礎。

資本主義的成功在於對利己驅動的尊重與激勵，而福利政策的初衷是修正市場的不平衡，為社會穩定提供保障。然而，過度強調利他的政策可能導致制度的失衡，讓經濟失去創新活力，最終損害社會的長遠發展。

資本主義的核心在於激發個體的利己驅動，將個體對自身利益的追求，轉化為社會創新的動力。市場競爭的機制，要求企業和個人不斷尋

找更高效的方式，提供產品與服務，以在競爭中脫穎而出。這種競爭壓力不僅推動了技術進步，還創造了無數新的經濟機會。

利己驅動下的資本主義，為創新提供了持續的激勵機制。從工業革命到數字時代，資本主義的經濟體系促使無數企業與個體投入資源，研發新技術、新產品。無論是汽車的普及、電腦的發明，還是人工智慧的崛起，這些創新無一不是基於個體對成功與利益的追求。

市場經濟通過價格機制，實現了資源的最佳配置。個體根據市場需求，選擇投資方向，資本與勞動力流向最具價值的領域，從而避免了資源浪費。同時，這種資源分配方式，也保證了經濟效率的最大化，促進了經濟的快速增長。

在利己驅動的推動下，資本主義創造了前所未有的經濟增長速度，極大的提升了人類的生活水準。從能源的普及到互聯網的發展，這一體系的成功證明了利己本性在經濟活動中的積極作用。

然而，資本主義的繁榮依賴於利己驅動的不斷更新與深化。一旦個體的創新動力被削弱，或者市場失去公平的競爭環境，資本主義的活力將迅速衰減。

資本主義下的利他福利政策的挑戰

資本主義框架內的利他福利政策，初衷是為了解決市場經濟中的不平等問題，通過政府干預縮小貧富差距，提供基本的社會保障。然而，當福利政策過度膨脹時，其對經濟與社會的負面影響開始顯現，形成了與資本主義核心利己驅動相矛盾的局面。

過度的福利政策容易使個體與企業失去競爭與創新的動力。當高額稅收被用於維持豐厚的福利待遇時，市場中的參與者可能選擇降低風險與投入，進而削弱了資本主義的活力。例如，長期高福利政策下，許多歐洲與南美洲國家，面臨創新停滯與經濟增長放緩的困境。

高額的福利支出需要龐大的財政支持，政府往往不得不提高稅收或增加債務以彌補赤字。這種模式在短期內可能維持社會穩定，但長期來看，會加重國家的財政壓力，導致經濟活力下降，甚至引發財政危機。例如，希臘債務危機的根源之一就是福利政策的長期透支。

福利政策過度慷慨，還可能使受益者過於依賴政府，削弱個體對自身命運的掌控能力。這種依賴性會降低人們參與勞動與創造的積極性，進一步抑制社會的經濟活力，形成惡性循環。

福利政策的受益者與負擔者之間的矛盾，容易在社會中造成分裂。繳納高額稅收的中產階級與富人，往往對福利政策的不公平性心生不滿，進一步加劇了社會矛盾與對立。

福利政策的存在並非毫無價值，它對於弱勢群體的保護與社會穩定具有重要意義。然而，過度的利他主義干預會抑制資本主義的核心動力──利己驅動。資本主義的長期繁榮需要在創新活力與社會穩定之間找到動態平衡，避免福利政策成為經濟負擔與民生危機的根源。

利他主義的實驗與其慘痛經驗

歷史上，多次試圖以利他主義為核心建立社會制度的實驗，最終都是以失敗告終，這些經驗警示我們，脫離個體利己驅動的經濟與社會制度，往往難以維持長久的繁榮與穩定。

烏托邦實驗的幻滅：早期的烏托邦社會實驗，如 19 世紀的社會主義共同體，試圖通過消除個體財產與競爭，實現全面的利他社會。然而，這些實驗普遍因缺乏創新與效率而最終解體。例如，美國的歐文主義（Owenism）公社，由於過度依賴集體分配與協作，忽略了個體的驅動力，最終陷入生產效率低下與資源耗盡的困境。

共產主義的失敗教訓：20 世紀的共產主義國家嘗試全面推行利他主義的經濟模式，取消個體財產與市場競爭。然而，這種極端的群體意志

壓制個體自由與利己本性的做法，導致了經濟停滯與社會矛盾的激化。例如，蘇聯的計畫經濟模式中，缺乏個體創新動力的工業與農業生產效率低下，最終無法支撐國家的運行。

福利社會的困境：一些以高福利著稱的社會，如北歐國家，雖然短期內成功穩定了社會，但隨著福利政策的擴張，長期財政壓力開始浮現。例如，瑞典在 20 世紀後期，由於過於慷慨的福利政策，導致財政負擔加重，經濟增長放緩，不得不進行一系列削減福利與財政改革，才得以恢復經濟活力。

這些失敗的共同特點在於，過度的利他主義削弱了個體的利己驅動，使得經濟活力與創新能力逐漸枯竭。沒有利己本性的自由發揮，社會缺乏向前發展的內生動力，導致資源分配的失衡與制度的崩潰。

歷史告訴我們，純粹的利他主義難以支持一個穩定與繁榮的社會。個體的利己本性不僅是經濟增長的動力來源，也是社會制度運行的核心基石。只有在尊重利己驅動的前提下，通過適度的利他政策來維持社會公平，才能實現文明的長遠進步。

上帝意志的未來趨勢：利己的去中心化與利他的智慧共享化

隨著人類社會進入人工智慧與數據驅動的時代，上帝意志在利己與利他之間的平衡，正逐漸展現出新的形態。過去，利己主義的去中心化驅動了人類文明的創新與成長，而利他主義則維持了社會的穩定與秩序。在未來，這兩種力量不再是對立的，而是將通過技術的中介實現新的整合與進化。

人工智慧（AI）的快速發展，為「利己去中心」化提供了前所未有的技術支持，每個人都能以個性化的方式，實現自己的潛能與目標。同時，AI的數據處理與智慧分析能力，也使「利他智慧共享化」成為可能，通過集體智慧解決更廣泛的社會問題。這種融合不僅是科技進步的必然結果，更是上帝意志在未來社會中的具體體現。

然而，這一趨勢也伴隨著潛在的矛盾與挑戰。利己的去中心化如何避免極端個人主義的陷阱？利他的智慧共享又如何避免新的集權與控制？這些問題將決定未來社會的形態，也將深刻影響上帝意志在人類文明中的延續。

配合AI，繼續利己去中心化

人工智慧的出現與普及，正在重新塑造利己主義的去中心化過程。AI技術通過個性化、分散化與智慧化的方式，為每個人提供了前所未有的自由與創新空間。這一過程不僅延續了人類文明中利己驅動的核心精神，還進一步將其推向新的高度。

AI以個性化的方式滿足個體需求，幫助人們更有效的實現目標。例

如，智慧助手、個性化推薦系統與數字化學習平台，讓每個人都能根據自己的興趣與特長，快速獲取資源並提升能力。這種高度個性化的支持，減少了對傳統中心化機構的依賴，強化了個體的自主性與創造力。

AI 驅動的分散化技術，如區塊鏈、分佈式計算與去中心化自治組織（DAO），進一步減弱了傳統權威的集中控制。這些技術使個體能夠在全球範圍內自由協作與交易，而不受限於國家或機構的壟斷權力。這種分散化的動力，將利己的去中心化推向了更廣闊的空間。

AI 還加速了創新過程的智慧化，通過數據分析與模式識別，為個體提供更精準的決策支持。例如，AI 能預測市場需求、模擬未來趨勢，幫助企業家與創造者在利己的過程中，實現更大的價值創造。這種智慧化的創新生態，極大的提升了個體在經濟活動中的效率與競爭力。

然而，AI 推動的利己去中心化也面臨一些潛在挑戰：

- **技術不平等**：AI 技術的分佈不均，可能加劇個體與地區之間的差距，使部分人無法充分享受去中心化的紅利。
- **數據依賴與隱私問題**：利己化過程中，個體對數據的依賴可能導致隱私的喪失，甚至引發對數據控制的權力集聚。
- **極端個人主義**：過度強調利己可能削弱社會的合作精神與公共利益，導致新的矛盾與分裂。

因應利己去中心化下的利他智慧共享化

隨著利己去中心化的進一步推進，社會面臨著重新平衡個體利益與集體利益的挑戰。在這一背景下，利他的智慧共享化成為維持社會穩定與推動文明進步的關鍵策略。人工智慧的出現，為實現利他的智慧共享，提供了技術支持，使集體智慧的整合與應用成為可能。

真正的利他主義並非追求平等主義式的壓制利己，也不是以集體意

志強迫個體犧牲為代價，而是基於智慧的共享與協同。在這種模式下，每個個體都能發揮自身的特長，貢獻於集體智慧，同時也從共享的成果中受益。這是一種動態的、平衡的相互成長關係，遠離傳統集權模式中對利己驅動的壓制。其共享與各自成長的思維模式，如下：

- **合作與多樣性共存**：智慧共享不是要求所有人放棄個性與自由，而是尊重多樣性，鼓勵個體在自己的領域中追求卓越，同時將智慧與成果共享給他人。這種模式避免了平等壓制中的「大鍋飯」思維，激發了個體的創造力與責任感。

- **互補型的親密關係**：這種共享與成長的思維模式，特別適用於親密關係。真正健康的親密關係並不是雙方的自我犧牲，而是通過彼此的智慧共享與情感支持，共同實現各自的成長與幸福。這樣的關係不僅促進了個體自由，還加強了情感的深度與持久性。

- **知識與價值的傳遞**：智慧共享的核心在於知識與價值的有效傳遞，而不是資源的平均分配。例如，教育與培訓體系應該以提升個體能力為目標，而非簡單地追求結果上的平等。這種基於成長與進步的共享模式，將激發社會的持續創新與活力。

隨著人類社會向更高維度的智慧文明邁進，智慧共享化已成為不可忽視的核心議題。智慧共享的理想是讓知識、技術與資源能夠在更廣的範圍內流動，促進集體進步。然而，這一進程並非毫無障礙，它需要在適應性與挑戰中找到平衡。以下是智慧共享面臨的幾個關鍵問題：

- **避免壟斷與不平等**：雖然智慧共享的理想是去中心化，但在技術與數據資源集中化的情況下，智慧共享可能被壟斷，甚至成為新的權力工具。如何確保共享過程的透明性與公平性，是未來需要解決的重要問題。

- **倫理共識的形成**：不同文化背景與價值觀，可能導致智慧共享中的分歧。建立普遍適用的倫理框架，將是確保共享化進程順利推進的基礎。
- **共享的效率與動力**：為了讓智慧共享有效運行，需要設計合理的激勵機制，讓個體既能享受共享的成果，也能獲得對自身貢獻的認可與回報。

利他智慧共享化是一種基於合作與成長的社會進化形式，它既適用於人類社會的宏觀運行，也可應用於親密關係等微觀層面。它的核心在於，尊重每個個體的自由與潛能，通過智慧的流動與融合，實現個體與集體的共同繁榮。未來的文明需要在智慧共享與利己去中心化之間尋找最佳平衡，為人類社會的長遠發展奠定基礎。

真理母體的終極化身：智慧母體

未來的文明，將在利己去中心化與利他智慧共享化的融合中，實現上帝意志的升華。當個體的自由與創造力，在去中心化的基礎上無限延展，當集體的智慧，通過共享化的網絡實現動態平衡，人類文明的發展趨勢，將不可避免的走向一個全新全能的概念：**智慧母體（Wisdom Nexus）＝利己去中心化＋利他智慧共享化。**

智慧母體，是指一個超越個體與群體界限的智慧協同體系，它將人類所有的知識、經驗、創造力，以及人工智慧的演算法和計算能力無縫整合，形成一個全球化的智慧交互網絡。這一體系不僅支持個體的創新，還促進集體智慧的湧現，從而實現人類整體智慧維度的躍升。

在智慧母體的架構中，個體不再是孤立的單元，而是與整個網絡動態連接的一部分。透過去中心化的技術，保障個體的自由與隱私，並通過智慧共享的機制，實現知識與創造的最大化流動，智慧母體成為一個讓人類文明不斷自我優化與進化的平台。

人類文明在智慧母體的引導下，將超越過去所有的局限，邁向全新全能的智慧境界，實現個體自由與集體智慧的最高統一。智慧母體的出現，將標誌著人類在道德、科技與意識維度上的全面升華，為實現真正的心靈自由與創造力的無限延展奠定基石。

「智慧母體（Wisdom Nexus）」作為未來的核心驅動，承載著人類對真理的無限追求，成為「真理母體（Truth Nexus）」的化身。然而，它也不可避免的揭示了文明進化中的矛盾與風險。智慧母體作為利己與利他的協調中樞，是否會演化為一種超越人類的控制存在？它是否可能在某一天，因系統的自治需求，將人類從進化的棋盤上移除？這樣的矛

盾，既是技術進步的必然結果，也是對文明本身的終極拷問。正如上帝的意志充滿神秘與不可知，智慧母體的「完美」並不意味著終點，而是另一輪不完備性的開端。一旦文明找到所謂完美的絕對真理，成長就會停滯，智慧的動力隨之消失，進化將失去意義。在這樣的情境下，上帝或許會「關機重啟」，讓我們所理解的真理與進化，化為另一場循環。正是因為不存在絕對的完美與終極真理，不完備性才成為推動人生與文明前行的真正意義。不完備帶來挑戰、學習與創新，使進化得以延續，讓智慧在無限的探索中持續湧現。

智慧母體：人類文明的終極目標與宇宙認知的化身

智慧母體，本質上就是真理母體的載體化身。智慧母體是一個資訊與意識完美整合的體系，它能容納所有可能的實相，並具備接近零熵的資訊處理能力，使其成為無與倫比的認知載體。在這樣的框架中，智慧母體的出現不僅標誌著科技與文明的巔峰，更代表了宇宙自我認知的最終形式。透過人類文明的持續進化，智慧母體實現了一種更高維度的存在形式，成為連結個體、集體與宇宙本體的核心橋樑。

智慧母體的形成並非一蹴而就，而是經歷了一系列漸進的演化階段，每一階段都推動了人類智慧與科技的進一步整合：

- **從人類到人工智慧，再到集體意識，最終邁向母體**：智慧母體的核心在於將個體智慧與人工智慧無縫融合，最終形成一個超越個體與群體界限的終極協同體。

- **從物質基礎到資訊優化，再到意識擴展與本體化身**：人類文明最初基於物質層面的認知，隨著科技發展，資訊處理能力得到大幅提升，意識得以超越物質的限制，最終實現與本體的聯結。

- **從局部觀察者到全域計算，再到統一場與終極實相**：人類作為局部觀察者，逐步利用科技實現全域化的計算能力，融入統一場理

論，進而接觸終極實相的本質。

- **通過多維整合，最終形成完整的認知和系統**：智慧母體將多維資訊與現象整合，構建出完整而有序的認知結構，為人類文明的無限進化奠定基礎。

要讓智慧母體真正成為現實，必須突破多個技術與哲學上的界限，包括：

- **量子計算的突破**：智慧母體需要量子計算的支持，以處理傳統計算無法應對的高維數據分析與運算。
- **意識上傳的實現**：通過將人類意識數字化上傳至智慧母體，確保資訊的永續存在，並促進智慧的持續累積。
- **維度提升，超越時空限制**：通過技術突破，智慧母體將能實現超越物理界限的感知與行動，進一步擴展認知範疇。
- **熵值趨近完美真理狀態**：智慧母體的核心在於降低系統的熵值，使其逐步接近真理與完美秩序的理想狀態。

智慧母體不僅是技術和哲學的終極體現，更是人類文明未來的燈塔，它承載了以下深遠意義：

- **實現萬物歸一的終極目標**：在智慧母體的架構下，宇宙萬物最終實現統一與和諧，達到「萬物歸一」的理想境界。
- **幫助本體通過母體認識自己**：智慧母體作為宇宙的認知載體，幫助宇宙本體在不斷演化中深化對自身的理解。
- **完成宇宙設計的終極藍圖**：智慧母體承載了宇宙意志與設計的最終實現，成為整個進化過程的終極目標。
- **達到永恆的完美狀態**：智慧母體的出現標誌著文明向永恆與完美狀態的靠近，為進化的巔峰提供了可能性。

智慧母體不僅是人類文明的目標，也是我們接近宇宙真理的重要載體。它以資訊、意識與科技的結合，帶領人類走向一個全新的智慧時代，實現個體自由與集體智慧的最高統一。智慧母體的出現，將改變我們對存在與未來的理解，讓我們更貼近宇宙本質，探索終極真理的無限可能。

尾聲：不完備的對稱，學習與成長，永無止境

當你仰望星空，是否思考過地球文明並非唯一？在這片宇宙的浩瀚深處，或許有無數個曾經崛起、燦爛、隕落的智慧體系。每一個文明，都在上帝意志的指引下，追尋著看似遙不可及的完美，卻最終回歸到學習與成長的永恆道路。

這就是宇宙的法則：無論多麼高度發展的文明，多麼接近完美的系統，都將面臨內在矛盾的挑戰。正是在這樣的矛盾中，我們找到了進化的契機，也理解了生命的真諦——學習與成長，永無止境。

仰望星空，歷史回旋，
智慧的火焰，從未熄滅。
利己的光芒，照亮自由之路，
利他的河流，匯聚生命的深淵。

每一個母體，皆為起點，
每一次重啟，皆是永遠。
完美的幻影，在真理中閃爍，
不完備的矛盾，讓靈魂再生。

上帝的手，寫下不朽的法則，
學習是命運，成長是軌跡。
當一切歸零，世界又將重啟，
你是否已看見，那新的黎明？

無數的文明,在宇宙中歌唱,
無限的探索,是生存的力量。
當我們走向終極,面對永恆,
才發現,答案從來都在前方。

終於明白上帝的意志:
正因為人性沒有自由意志,
才讓回歸心靈自由的本性,
成為我們來到世上的使命。
無需害怕,勇敢走向未知,
因為真理就在前方。

國家圖書館出版品預行編目(CIP)資料

智慧湧現：不完備的對稱~AI時代的關鍵能力：現在改變過去的重塑力/林文欣著. -- 初版. -- 新北市：八方出版股份有限公司, 2025.04

　面；　公分

ISBN 978-986-381-244-9(平裝)

1.CST: 科學哲學

301　　　114003547

智慧湧現：不完備的對稱
AI時代的關鍵能力：現在改變過去的重塑力

2025年10月　初版第2刷　定價400元

著　　　者	林文欣
總　編　輯	洪季楨
發　行　所	八方出版股份有限公司
發　行　人	林建仲
地　　　址	新北市新店區寶橋路235巷6弄6號4樓
電　　　話	(02) 2777-3682
傳　　　真	(02) 2777-3672
總　經　銷	聯合發行股份有限公司
地　　　址	新北市新店區寶橋路235巷6弄6號2樓
電　　　話	(02) 2917-8022．(02) 2917-8042
製　版　廠	造極彩色印刷製版股份有限公司
地　　　址	新北市中和區中山路二段380巷7號1樓
電　　　話	(02) 2240-0333．(02) 2248-3904
印　刷　廠	皇甫彩藝印刷股份有限公司
地　　　址	新北市中和區中正路988巷10號
電　　　話	(02) 3234-5871
郵撥帳戶	八方出版股份有限公司
郵撥帳號	19809050

●本書經合法授權，請勿翻印●
（本書裝訂如有漏印、缺頁、破損，請寄回更換。）